职业技术教育与培训系列教材

电　工
培训教程

主　编　魏银虎

图书在版编目（CIP）数据

电工培训教程／魏银虎主编．—天津：天津大学出版社，2021.5

职业技术教育与培训系列教材

ISBN 978-7-5618-6930-7

Ⅰ.①电… Ⅱ.①魏… Ⅲ.①电工技术—中等专业学校—教材 Ⅳ.①TM

中国版本图书馆 CIP 数据核字（2021）第 085777 号

出版发行 天津大学出版社
地　　址 天津市卫津路 92 号天津大学内（邮编：300072）
电　　话 发行部：022-27403647
网　　址 www.tjupress.com.cn
印　　刷 北京盛通商印快线网络科技有限公司
经　　销 全国各地新华书店
开　　本 184mm×260mm
印　　张 7.25
字　　数 178 千
版　　次 2021 年 5 月第 1 版
印　　次 2021 年 5 月第 1 次
定　　价 23.00 元

凡购本书，如有缺页、倒页、脱页等质量问题，请与我社发行部联系调换

版权所有　侵权必究

亚洲开发银行贷款甘肃白银城市综合发展项目
职业教育与培训子项目短期培训课程课本教材

丛书委员会

主　　任　王东成

副 主 任　崔　政　张志栋
　　　　　王　瑊　张鹏程

委　　员　李进刚　雒润平　魏继昌　卜鹏旭
　　　　　孙　强　王一平　刘明民　贾康炜

指导专家　高尚涛

本书编审人员

主　　编　魏银虎

副 主 编　郑　军　陈玉姣　欧尔欣

前　言　PREFACE

党的十八大以来，中央将精准扶贫、精准脱贫作为扶贫开发的基本方略，扶贫工作的总体目标是“到 2020 年确保我国现行标准下农村贫困人口实现脱贫，贫困县全部摘帽，解决区域性整体贫困”。新阶段的中国扶贫工作更加注重精准度，扶贫资源与贫困户的需求要准确对接，将贫困家庭和贫困人口作为主要扶持对象，而不能仅仅停留在扶持贫困县和贫困村的层面上。为了更深入地贯彻“精准扶贫”的理念和要求，推动就业创业教育，转变农村劳动力思想意识、激发农村劳动力脱贫内生动力，是扶贫治贫的根本。开展就业创业培训，提升农村劳动力知识技能和综合素养，满足持续发展的经济形势及不断升级的产业岗位需求，是扶贫脱贫的主要途径。

近年来，国家大力提倡在职业教育领域实现《现代职业教育体系建设规划（2014—2020 年）》，规划要求：“大力发展现代农业职业教育，以培养新型职业农民为重点，建立公益性农民培养培训制度。推进农民继续教育工程，创新农学结合模式。”2011 年，甘肃省启动兰州 - 白银经济圈，试图通过整合城市和工业基地推动其经济转型。2018 年，靖远县刘川工业园区正式被国家批准为省级重点工业园区，为推进工业强县战略奠定了基础。为了确保白银市作为资源枯竭型城市成功转型，白银市政府实施了亚洲开发银行贷款城市综合发展二期项目。在项目实施中，亚洲开发银行及白银市政府高度重视职业技术教育与培训工作，并将其作为亚洲开发银行二期项目中的特色，主要依靠职业技能培训为刘川工业园区入住企业及周边新兴行业培养留得住、用得上的技能型人才，为促进地方经济顺利转型提供技术和人才保证。本系列教材的组织规划也正是响应了国家关于职业教育发展方向的号召，以出版行业为载体，完成完整的就业培训课程体系。

本教材按照中华人民共和国人力资源和社会保障部制定的“国家职业技能标准”《电工》（2018 年版）（职业编码：6 - 31 - 01 - 03）国家职业能力标准五级/初级工的等级标准编写而成，并针对初级电工的培训而设置，它是其他专业课程的总结和提升，同时又相辅相成。通过本教材的学习，主要培养学员的职业岗位基本技能，并为进一步培养学员的职业岗位综合能力奠定坚实基础，使学员掌握电器安装和线路敷设、继电控制电路装调与维修、基本电子电路装调与维修等操作技能，能运用基本技能独立完成本职业简单电路的装调与维修，培养具有电工工艺的初步工程设计知识和生产组织管理能力的技能人才。培训完毕，培训对象能够独立上岗，完成简单的常规技术操作工作。在教学过程中，应以专业理论教学为基础，注意职业技能训练，使培训对象掌握必要的专业知识与操作技能，教学时应以够用、适度为原则。

本教材中学习任务一由魏银虎编写，学习任务二由郑军编写，学习任务三由陈玉姣和欧尔欣编写，全书由魏银虎统稿和定稿。

本教材的编写得到靖远县职业中等专业学校和陕西琢石教育科技有限责任公司等的领导、专家的大力支持和帮助，在此表示衷心的感谢。

限于编者水平，书中难免有不足之处，欢迎培训单位和培训学员在使用过程中提出宝贵意见，以臻完善。

编　者

内容导读

电能在生产、传输、分配、使用及控制方面，都较其他形式的能量更加优越，其他形式的能量（如化学能、热能、水能、核能及太阳能等）往往要先转变为电能，才便于使用。

随着科学技术的发展，电能的应用日益深入工农业生产、科学实验及人民生活等各个领域，在生产上用作动力或用于照明以及生产自动控制等；人民生活用电也日益广泛，电灯、电视、电风扇、洗衣机和电冰箱等都离不开电能。由于电子技术的飞跃发展，电子计算机已能迅速、准确地进行运算、记忆、分析、阅读、制图等一系列复杂烦琐的工作，代替了人的大量劳动，被誉为“电脑”，从而实现了生产过程自动化和企业管理科学化，使生产技术和科学研究进入了一个新的时代。

我国电气事业迅速发展，国民经济各部门应用电能的范围日益扩大，应用电能的技术水平也有了很大的提高。

为了适应社会主义事业的发展，迫切需要培养大量的掌握电工基础理论知识和实际操作技能的电工，并输送到各条战线上，承担起运筹和驾驭电能的任务；已在工矿企业工作岗位上的电工，也迫切需要进一步提高其技术理论水平，以指导生产实践，发挥更大的作用。党和人民殷切地期待着培养出一批又一批具有社会主义觉悟、掌握现代科学技术知识和实际操作技能的电工，为祖国的建设事业做出贡献。

目　录　CONTENTS

学习任务一

电器安装和线路敷设

01

在电力系统中，电能从生产到供给用户使用，通常都要经过发电、变电、输电、配电和用电等环节。本任务主要针对低压用户介绍电能从进户起到电能使用前的各个环节，包括低压进户装置、配电与量电装置及线路装置等内容，见图1、图2。

电源线路由户外通入户内的电气装置，称为进户装置。由户内馈出户外的，称为出户装置。但因其结构完全相同，又因进户装置采用较多，故习惯上均以进户装置通称这两个电气装置。

图1　低压配电装置

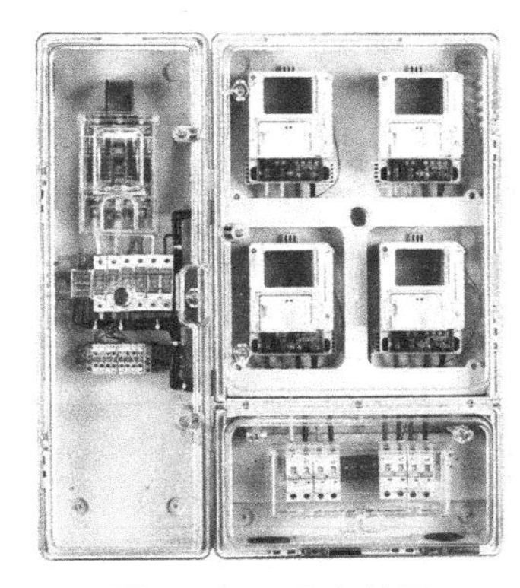

图2　低压量电装置

进户装置分高压和低压两种，一般电工接触的以低压进户装置为最多，这是因为低压用户大大多于高压用户，而且高压用户内部的用电设备绝大多数是低压设备，需要用低压配电线路供电，所以往往要多次馈出户外和引入户内。因此，电工必须掌握低压进户装置的安装要求和安装方法。

项目一　家用照明电路安装与调试

任务描述

某住户住宅是两层楼房布局，楼梯照明用一盏白炽灯，现请学员们完成该住户楼梯照明线路安装并调试成功，电路原理图如图 1 - 1 所示。基本要求：楼上、楼下均可单独控制，三天内完成，共计 24 工时。

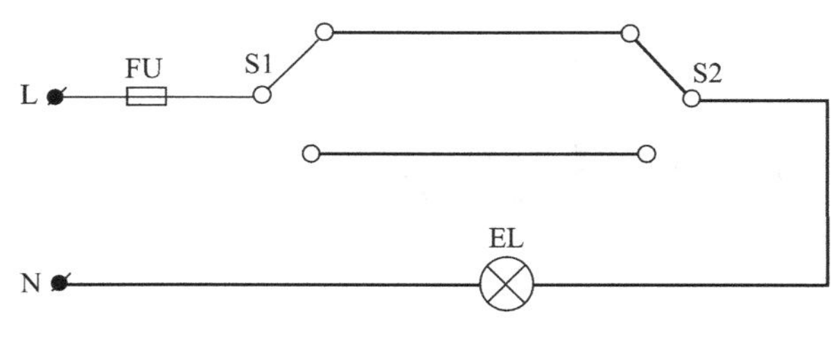

图1－1　两控一灯电路原理图

接受任务

派工单见表1－1。

表1－1　派工单

<table>
<tr><td>工作地点</td><td>电器装配车间</td><td>工 时</td><td>24</td><td>任务接受人</td><td></td></tr>
<tr><td>派工人</td><td></td><td>派工时间</td><td></td><td>完成时间</td><td></td></tr>
<tr><td>技术标准</td><td colspan="5">GB/T 16895. 20—2017
《低压电气装置第5－55部分：电气设备的选择和安装 其他设备》</td></tr>
<tr><td>工作内容</td><td colspan="5">根据提供的资料，完成两控一灯电路装调工作，验收合格后交付生产部负责人</td></tr>
<tr><td>其他附件</td><td colspan="5">1. 电路原理图1张；
2. 电气元件明细表；
3. 电工工具</td></tr>
<tr><td>任务要求</td><td colspan="5">1. 工时：24h；
2. 按图加工</td></tr>
<tr><td>验收结果</td><td colspan="2">操作者自检结果：
□合格　　□不合格
签名：
年　月　日</td><td colspan="3">检验员检验结果：
□合格　　□不合格
签名：
年　月　日</td></tr>
</table>

任务实施

◆ 让我们按下面的步骤进行本项目的实施操作吧！◆

知识储备　安全用电

一、概述

电在造福人类的同时，也会给人类带来灾难。

我国每用电约1.5亿千瓦·时就触电死亡1人，而美国、日本等国每用电20亿～40亿千瓦·时才触电死亡1人。

二、电压等级的划分

1. 电压划分范围

我国规定安全电压有42V、36V、24V、12V、6V五种。

由于我国的电压等级基本有220V、380V、10kV、24kV、35kV、110kV、220kV、500kV、800kV、1000kV，因此一般的划分范围如下。

（1）低压：低于400V。

（2）中压：10～35kV。

（3）高压：110kV以上，500kV以下。

（4）超高压：500kV及以上。

2. 额定电压等级

我国的电力网额定电压等级（kV）为0.22、0.38、3、6、10、35、60、110、220、330、500。

习惯上称10kV以下线路为配电线路，35kV、60kV线路为输电线路，110kV、220kV线路为高压线路，330kV及以上线路为超高压线路。将60kV及以下电网称为地域电网，110kV、220kV电网称为区域电网，330kV及以上电网称为超高压电网。另外，通常把1kV以下的电力设备及装置称为低压设备，1kV以上的设备称为高压设备。

三、电流对人体的伤害

电流对人体的伤害有三种：电击、电伤和电磁场生理伤害。

1. 电击

电击指电流通过人体，破坏人体心脏、肺部及神经系统的正常功能。

2. 电伤

电伤指电流的热效应、化学效应和机械效应对人体的伤害，主要是指电弧烧伤、熔化金属溅出烫伤等。

3. 电磁场生理伤害

电磁场生理伤害指在高频磁场的作用下，人会出现头晕、乏力、记忆力减退、失眠、多梦等。

一般认为电流通过人体的心脏、肺部和中枢神经系统的危险性比较大，特别是电流通过心脏时，会引起心室颤动，或使心脏停止跳动，危险性最大。所以，从手到脚的电流途径最为危险。通电时间越长，越容易引起心室颤动，危险性越大。另外，由于人体电阻会因出汗等原因降低，通电时间过长，导致通过人体的电流增大，电击的程度亦随之增强。通过人体的电流越大，人体的生理反应越明显，危险就越大。

四、触电急救方法

1. 脱离电源

（1）立即将闸刀断开或将插头拔掉，以切断电源。要注意，普通的电灯开关（如拉线开关）只能关断一根线，有时切断的不是相线，并未真正切断电源。

（2）找不到开关或插头时，可用绝缘的物体（如干燥的木棒、竹杆、手套等）将电线拔开，使触电者脱离电源。

（3）用绝缘工具（如带绝缘的电工钳、木柄斧头以及锄头等）切断电线，从而切断电源。

遇高压触电事故，应立即通知有关部门停电。

2. 对症救护

触电者脱离电源后，应根据触电者的具体情况迅速对症救护。现场应用的主要方法是口对口人工呼吸法和体外心脏挤压法。

（1）口对口人工呼吸法：用人工的方法来代替肺部的呼吸活动，使空气有节律地进入和排出肺部，以供给体内足够的氧气，充分排出二氧化碳，维持正常的通气功能，如图 1－2 所示。

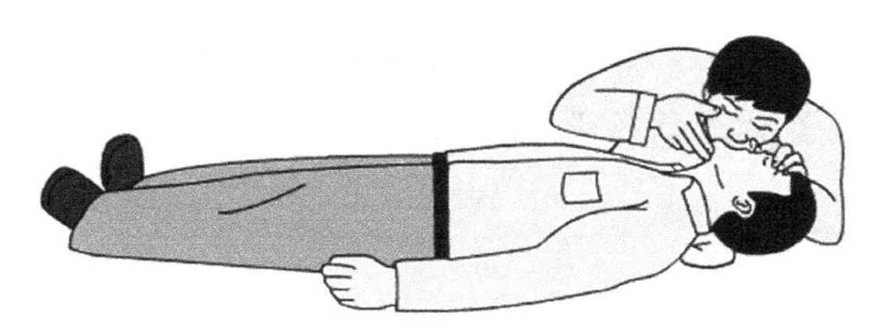

（1）消除口腔杂物；（2）舌根抬起；（3）深呼吸后紧贴嘴吹气；（4）放松换气

图1－2 口对口人工呼吸法操作步骤

（2）体外心脏挤压法：指有节律地挤压心脏，用人工的方法代替心脏的自然收缩，使心脏恢复搏动功能，维持血液循环，如图 1－3 所示。

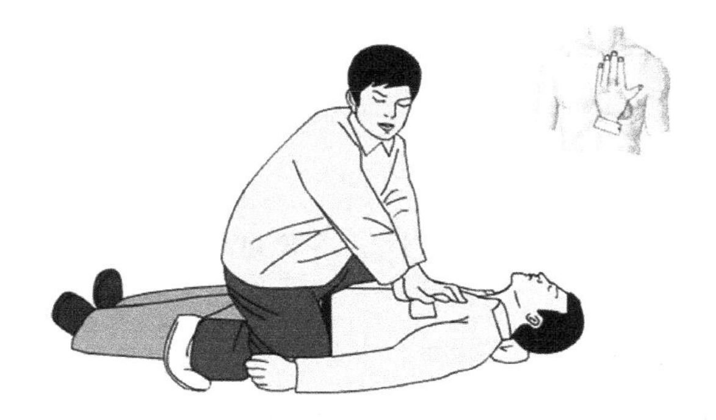

（1）找准位置；（2）调整挤压姿势；（3）向下挤压；（4）迅速放松

图1－3 体外心脏挤压法操作步骤

五、用电安全基础知识

(1) 车间内的电气设备，不要随便乱动。自己使用的设备、工具，如果电气部分出了故障，应请电工修理，不得擅自修理，更不得带故障运行。在操作闸刀开关、磁力开关时，必须将盖盖好。

(2) 电气设备的外壳应按有关安全规程进行防护性接地或接零。对接地或接零的设施要经常检查，保证连接牢固，且接地或接零的导线没有任何断开的地方。

(3) 移动某些非固定安装的电气设备，如电风扇、照明灯、电焊机等时，必须先切断电源再移动，导线要收拾好，不得在地面上拖来拖去，以免磨损。导线被物体压住时，不要硬拉，以防将导线拉断，使用的行灯要有良好的绝缘手柄和金属护罩。

(4) 发生电气火灾时，应立即切断电源，用黄砂、二氧化碳、干粉等灭火器材灭火，切不可用水或泡沫灭火器灭火，因为它们有导电的危险。灭火时应注意自己身体的任何部分及灭火器具都不得与电线、电气设备接触，以防危险。

(5) 打扫卫生、擦拭设备时，严禁用水冲洗或用湿布擦拭电气设施，以防发生短路和触电事故。

步骤一　安装前准备

1. 材料准备

电工材料明细表见表1－2。

表1－2　电工材料明细表

序号	元件名称	元件实物	电气符号
1	刀开关（QS）		QS
2	单刀双掷开关（S）		S
3	熔断器（FU）		FU
4	照明灯（EL）		EL
5	护套线		—

知识链接

一、负荷开关

负荷开关有开启式负荷开关及封闭式负荷开关两种类型。

1. 开启式负荷开关

1）开启式负荷开关的特点和应用场合

开启式负荷开关又称瓷底胶盖刀开关。其结构简单、价格便宜、手动操作。应用场合：交流 50Hz、单相 220V 或三相 380V、额定电流 10～100A 的照明、电热设备及小容量电动机等不需频繁操作线路的接通和分断，没有灭弧装置。

2）结构与型号

开启式负荷开关由进线座、静触头、熔体、出线座、带瓷质手柄的刀式动触头和胶盖等组成，其中胶盖用以绝缘和防电弧伤人。开启式负荷开关的型号含义如图 1－4 所示，图形和文字符号如图 1－5 所示。

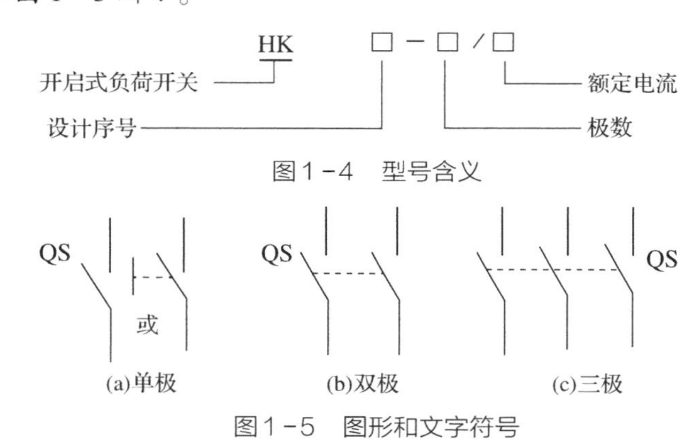

图1－4 型号含义

图1－5 图形和文字符号

3）选用

用于照明电路和功率小于 5.5kW 的电动机控制线路中。

① 照明和电热负载：选 U_N 为 220V 或 250V、$I_N > \sum I_{N线路}$的两极开关。

② 电动机：选 U_N 为 380V 或 500V、$I_N > 3I_{N电机}$的三极开关。

2. 封闭式负荷开关

1）封闭式负荷开关的特点和应用场合

封闭式负荷开关又称铁壳开关。其具有快速分断装置、灭弧室、联锁装置（手柄、触头）。其应用场合：交流 50Hz、U_N 380V 、I_N 至 400A、控制 15kW 以下小容量交流电动机，手动不频繁接通、分断线路，有短路保护。

2）结构与型号

封闭式负荷开关由操作机构、熔断器、触头系统和铁壳等组成。其型号含义如图 1－6 所示，图形、文字符号与开启式相同。

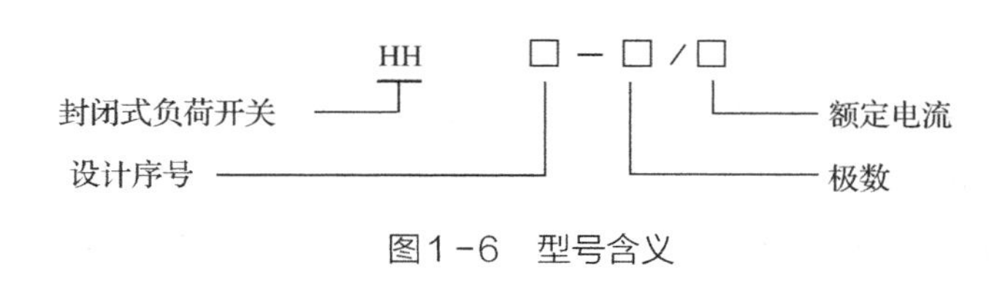

图1-6　型号含义

3）选用

（1）$U_N > U_{N线路}$，I_N（等于或稍大于）$\geqslant I_{电路工作}$。

（2）电动机：$I_N > 3I_{N电机}$。

二、熔断器

熔断器主要由熔体、安装熔体的熔管和熔座三部分组成。熔体是熔断器的核心，常做成丝状、片状或栅状，材料有铅锡合金、锌、铜、银等。熔管是熔体的保护外壳，用耐热绝缘材料制成，在熔体熔断时兼有灭弧作用。熔座是熔断器的底座，用于固定熔管和外接引线。

1. 熔断器的主要技术参数

（1）额定电压，指熔断器长期工作所能承受的电压。

（2）额定电流，指保证熔断器能长期正常工作的电流。熔体的额定电流是指在规定的工作条件下，长时间通过熔体而熔体不熔断的最大电流值。一个额定电流等级的熔断器可以配用若干个额定电流等级的熔体，但要保证：

$$I_{N熔断器} > I_{N熔体}$$

（3）分断能力，在规定的使用和性能条件下，在规定电压下熔断器能分断的预期分断电流值。

（4）时间－电流特性，也称为安－秒特性或保护特性，指在规定的条件下，表征流过熔体的电流与熔体熔断时间的关系曲线，属于反时限特性。

最小熔化电流或临界电流 I_{Rmin}，是在1～2小时内能熔断的最小电流值。

熔断器对过载的反应是很不灵敏的，当电气设备发生轻度过载时，熔断器将持续很长时间才能熔断，有时甚至不熔断。因此，除照明和电加热电路外，熔断器一般不宜作为过载保护器，而主要用于短路保护。

2. 常用低压熔断器

1）熔断器型号含义

熔断器型号含义如图1-7所示。

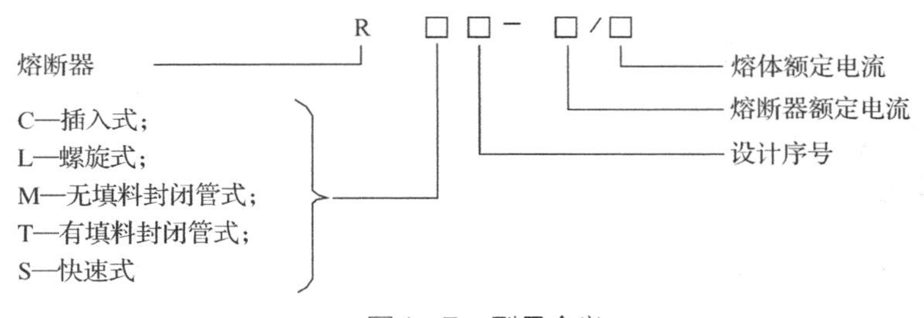

图1-7　型号含义

2）RC1A 系列瓷插式熔断器

（1）组成：瓷座、瓷盖、动触头、静触头及熔丝，如图 1－8 所示。

（2）特点：极限分断能力较差，禁止在易燃易爆的工作场合使用。

（3）应用场合：50Hz、380V 以下、电流为 5～200A 的低压线路和用电设备，在照明线路中还可起过载保护作用。

3）RL1 系列螺旋式熔断器

（1）组成：瓷帽、熔断管、瓷套、上接线端、下接线端及瓷底座等，如图 1－9 所示。

（2）特点：分断能力较高，结构紧凑，体积小，安装面积小，更换熔体方便，工作安全可靠，熔丝熔断后有明显指示。

（3）应用场合：控制箱、配电屏、机床设备及振动较大的场合，交流额定电压 500V、额定电流 200A 及以下的电路。

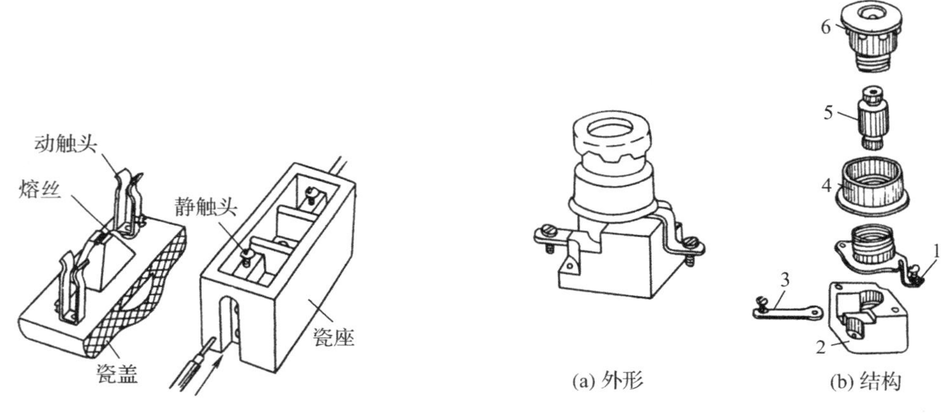

图1－8　RC1A 系列瓷插式熔断器

图1－9　RL1 系列螺旋式熔断器

1—上接线端；2—瓷底座；3—下接线端；
4—瓷套；5—熔断管；6—瓷帽

4）RM10 系列封闭管式熔断器

（1）组成：熔断管、熔体、夹头及夹座等，熔体为变截面的熔片，如图 1－10 所示。

（2）应用场合：交流额定电压 380V、直流电压 440V 及以下、额定电流 600A 以下的电力线路。

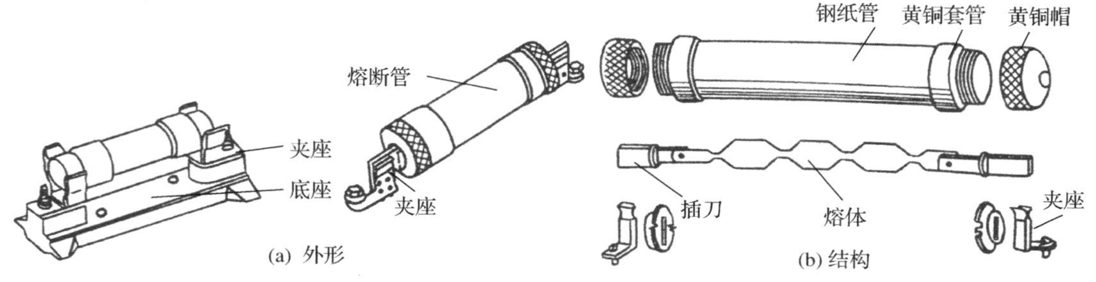

图1－10　RM10 系列封闭管式熔断器

5）RT0 系列有填料封闭管式熔断器

（1）组成：熔管、底座、夹头、夹座等，如图 1－11 所示。

（2）特点：分断能力比同容量的 RM10 型大 2.5 ~4 倍，熔体熔断后有醒目的红色熔断信号。

（3）应用场合：交流 380V 及以下短路电流较大的电力输配系统。

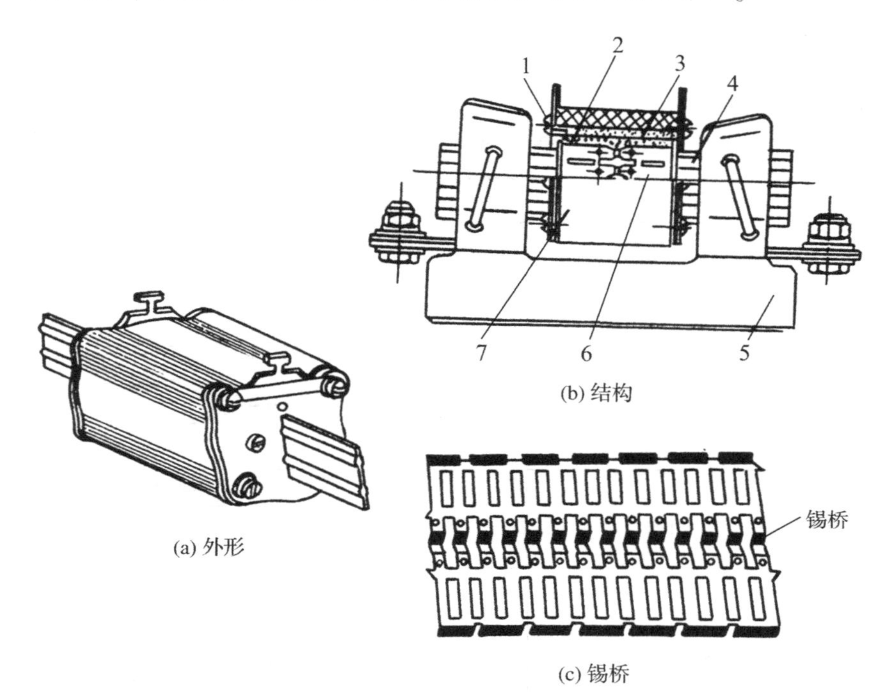

(a) 外形　(b) 结构　(c) 锡桥

图 1－11　RT0 系列有填料封闭管式

1—熔断指示器；2—石英砂填料；3—指示器熔丝；4—插刀；5—底座；6—熔体；7—熔管

3. 熔断器的选用

（1）熔断器的要求：在电气设备正常运行时，熔断器应不熔断；在出现短路故障时，应立即熔断；在电流发生正常变动（如电动机启动过程）时，熔断器应不熔断；在用电设备持续过载时，应延时熔断。

（2）选用内容：熔断器类型、额定电压、额定电流和熔体额定电流。

① 熔断器类型的选用：根据使用环境、负载性质和短路电流的大小选用。例如：照明，选用 RT 或 RC1A 系列；易燃气体环境，选用 RT0 系列；机床控制线路，选用 RL 系列；半导体保护，选用 RS 或 RLS 系列。

② 熔断器额定电压和额定电流的选用：

$$U_{RN} \geqslant U_{N线路} \quad I_{RN} \geqslant I_{N熔体} \quad 分断能力 > I_{max最大短路}$$

③ 熔体额定电流的选用：

a. 对照明和电热等电流较平稳、无冲击电流的负载，熔体的额定电流应等于或稍大于负载的额定电流；

b. 对一台不经常启动且启动时间不长的电动机，$I_{RN} \geqslant (1.5 \sim 2.5) I_{N电机}$；

c. 对多台电动机，$I_{RN} \geqslant (1.5 \sim 2.5) I_{N\max 电机} + \sum I_N$。

2. 工具准备

工具明细表见表1－3。

表1－3 工具明细表

序 号	名 称	实 物 图
1	试电笔	
2	尖嘴钳	
3	斜口钳	
4	剥线钳	
5	螺丝刀	
6	电工刀	

知识链接

1. 试电笔

试电笔是一种验明需检修的设备或装置上有没有电源存在的器具，分高压和低压两种，高压试电笔通常叫验电器，是变电站必备的器具，其结构如图1－12所示。

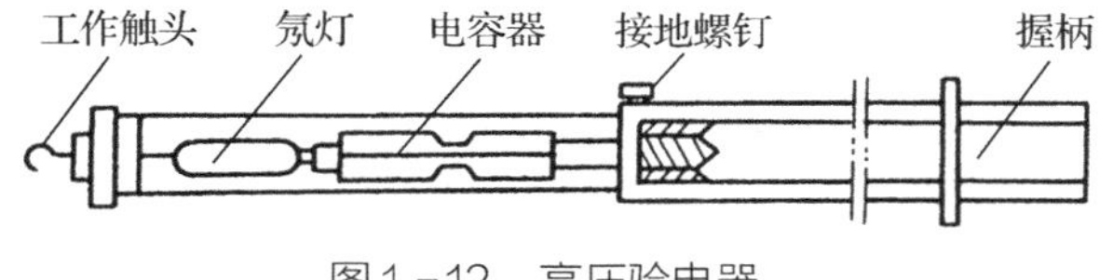

图1－12 高压验电器

使用高压验电器时，应特别注意手握部分不得超过护环，高压验电器握法如图 1－13 所示。

使用高压验电器前，要先在确实带电的设备上检查验电器是否完好。在测量时，要注意安全，雨天不可在户外测验，测验时要戴符合耐压要求的绝缘手套，不可一个人单独测验，身旁要有人监护。测验时，要防止发生相间或对地短路事故。人体与带电体应保持足够的安全距离，10kV 高压时为 0.7m 以上。高压验电器每半年做一次定期预防性试验。

低压验电器又称测电笔，或简称电笔，分螺钉旋具式和钢笔式两种，如图 1－14 所示。

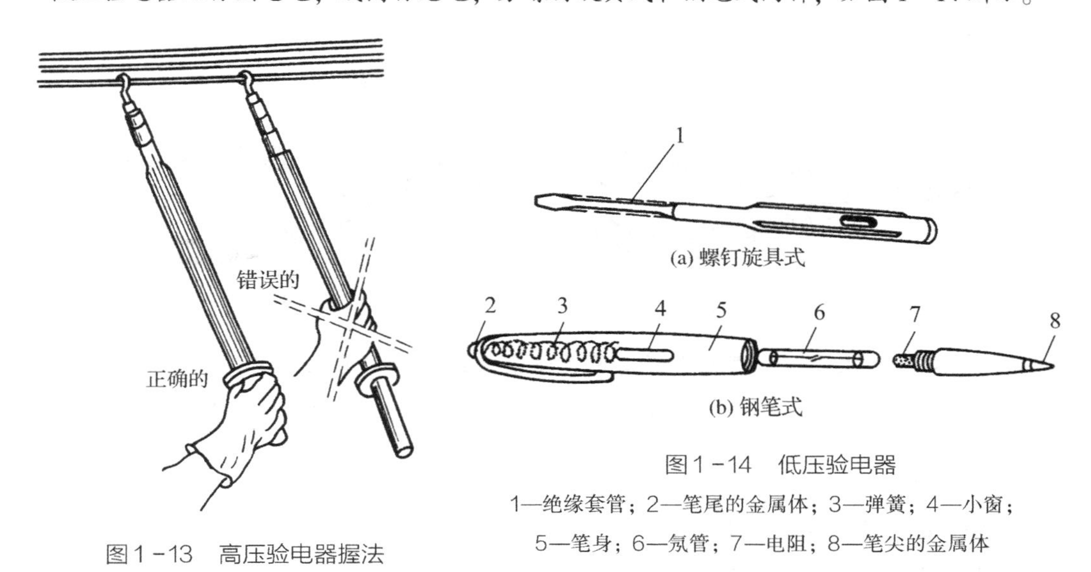

(a) 螺钉旋具式

(b) 钢笔式

图1－13　高压验电器握法

图1－14　低压验电器

1—绝缘套管；2—笔尾的金属体；3—弹簧；4—小窗；5—笔身；6—氖管；7—电阻；8—笔尖的金属体

使用低压测电笔时，必须按照图 1－15 所示方法把笔身握妥，即以手掌触及笔尾的金属体，并使氖管小窗背光朝向自己，以便于观察，要防止笔尖金属体触及人手，以避免触电，而在螺钉旋具式验电笔金属杆上，必须套上绝缘套管，仅留出刀口部分供测试用。

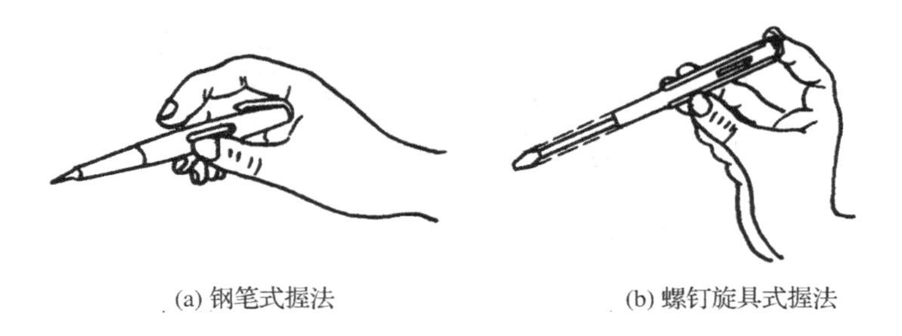

(a) 钢笔式握法　　(b) 螺钉旋具式握法

图1－15　低压验电器握法

电工在检修电气线路、设备和装置之前，务必要用验电笔验明无电，方可着手检修。验电笔不可受潮，不可随意拆装或受到严重振动，并应经常在带电体上（如在插座孔内）试测，以检查性能是否完好。性能不可靠的验电笔，不准使用。

2. 尖嘴钳

尖嘴钳的头部呈细长圆锥形，在接近端部的钳口上有一段棱形齿纹，由于它的头部尖而细，适用于在较狭小的工作空间操作。尖嘴钳有铁柄和绝缘柄两种。绝缘柄的耐压为500V，其外形如图1－16所示。

尖嘴钳常用规格有130mm、160mm、180mm、200mm四种，目前常见的多数是带刃口的尖嘴钳，既可夹持零件，又可剪切细金属丝。

3. 斜口钳

斜口钳又称断线钳。电工常用的绝缘柄斜口钳的外形如图1－17所示。

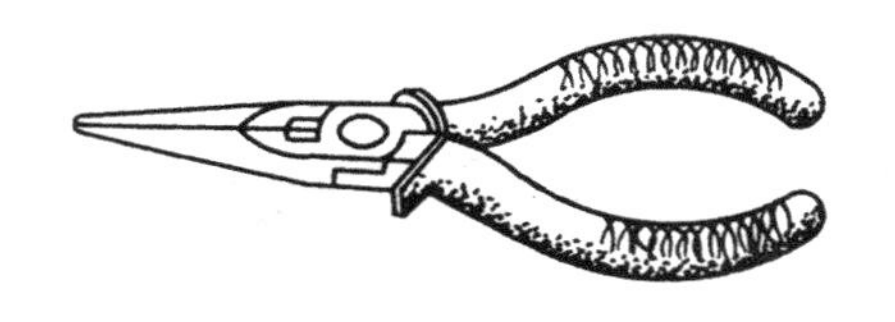

图1－16 尖嘴钳

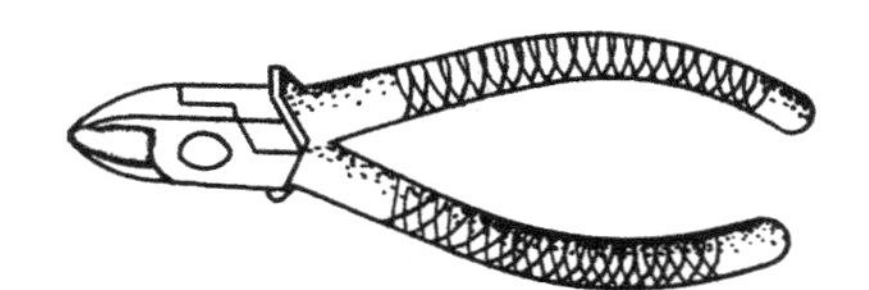

图1－17 斜口钳

斜口钳是一种主要用于剪切金属薄片及细金属丝的专用剪切工具，常用于工作空间比较狭窄和有斜度的工件使用。其常用规格有130mm、160mm、180mm、200mm四种。

4. 剥线钳

剥线钳是专供电工剥离（$6mm^2$以下）导线头部的一段表面绝缘层的工具，由钳头和钳柄两部分组成，如图1－18所示。钳头部分由压线口和刀口构成，有直径0.5～3mm的多个刀口，以适用于不同规格的线芯。使用时，将要剥削的绝缘层长度导线放入相应的刀口中（比导线直径稍大），用手将钳柄一握，导线的绝缘层即被割破自动弹出。

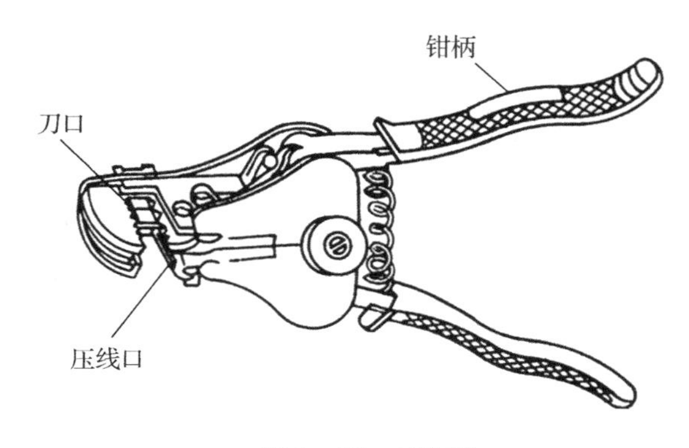

图1－18 剥线钳

5. 螺钉旋具

螺钉旋具俗称螺丝刀或旋凿等，按其头部形状，可分为一字槽和十字槽螺钉旋具两种。电工不可使用金属杆直通柄顶的螺钉旋具，应在金属杆上加套绝缘柄，其外形如图1－19所示。

多用螺钉旋具附有一字槽旋杆3只、十字槽旋杆2只和钢钻1只，它既可以紧固或拆卸一字槽的机螺钉、木螺钉，所附的钢钻又可用于钻木螺钉孔眼，还有兼作测电笔用的特点。使用时，只需选择所需用的旋杆装入夹头后便可操作，如图1－20所示。

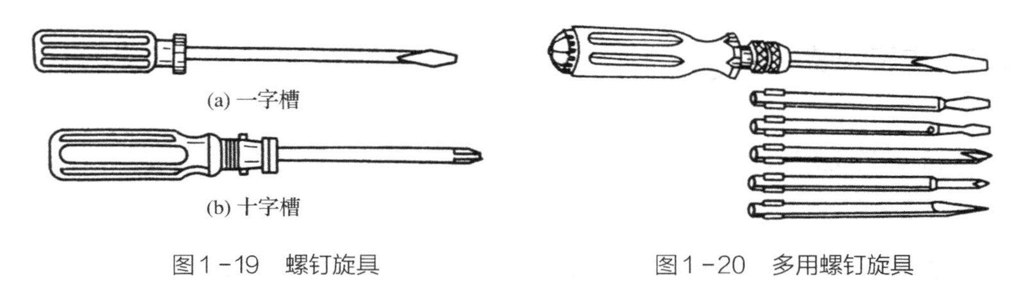

图1－19　螺钉旋具　　图1－20　多用螺钉旋具

6. 电工刀

电工刀适用于电工装修中割削电线绝缘层等。电工刀的形式有一用（普通式）、两用及多用三种，如图1－21所示。

使用时，刀口应朝外进行操作，用毕应随时把刀片折入刀柄内。电工刀的刀柄是没有绝缘的，不能在带电体上使用电工刀进行操作，以免触电。电工刀的刀口应在单面上磨出呈圆弧状刀口，在剖削绝缘导线的绝缘层时，必须使圆弧状刀面贴在导线上进行切割，这样刀口就不易损伤线芯。

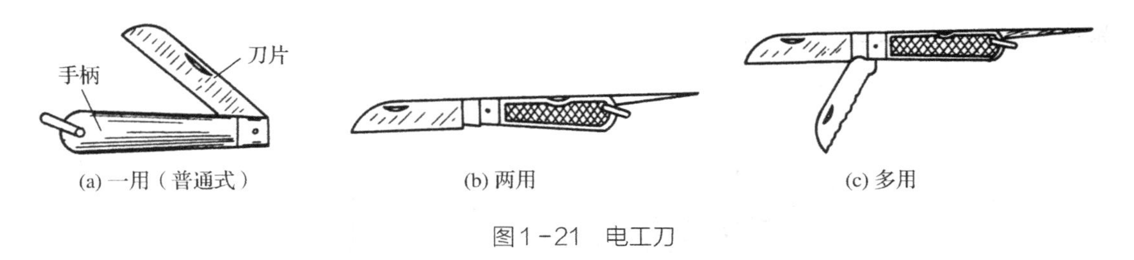

图1－21　电工刀

步骤二　原理图分析

◇ 原理图

电路原理图如图1－1所示。

◇ 工作原理

两个单刀双掷开关的两个触点分别相连，即开关S1的触点1与开关S2的触点1相连，开关S1的触点2与开关S2的触点2相连，两个开关的刀作为整个开关的两端接入电灯的两端。

当开关 S1 和 S2 的刀同时打向各自触点 1 或同时打向触点 2 时，电路接通，灯亮。当两个开关的刀一个打向触点 1 而另一个打向触点 2 时，电路不通，灯灭。因此，两个开关都可以控制灯。两个开关可以放在楼梯的上下两端，或走廊的两端，这样可以在进入走廊前开灯，通过走廊后在另一端关灯，既能照明，又能避免人走灯不灭而浪费电。

步骤三 电路安装

1. 熔断器的选用和安装

1）熔断器的选用

根据家用照明电压 AC220V，最大电流 32A，选用 RL1-60 型熔断器。

2）熔断器的安装

一个熔断器上的两个接线端子，一个与电源的火线（红色）连接，另一个与来自灯座上的一个端子相连接。

知识链接 导线线头与针孔式接线柱的连接

将单股导线除去绝缘层后插入合适的接线柱针孔，旋紧螺钉。如果单股导线芯较细，把芯线折成双根，再插入针孔，如图 1－22 所示。对于软芯线，须先把软线的细铜丝都绞紧刷锡，再插入针孔，孔外不能有铜丝外露，以免发生事故，如图 1－23 所示。

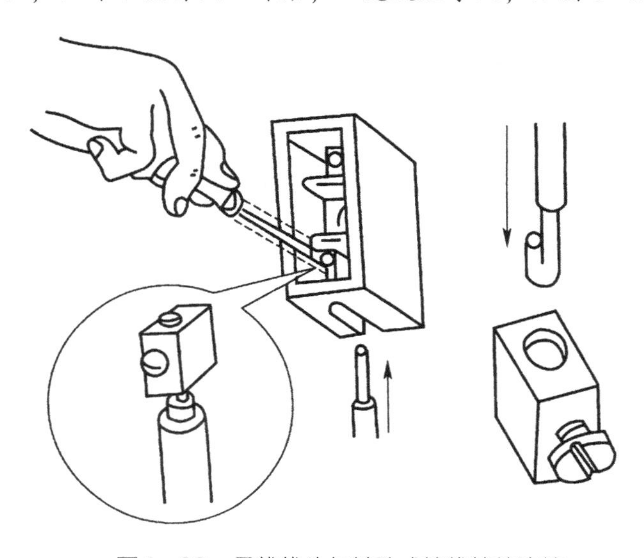

图1－22 导线线头与针孔式接线柱的连接

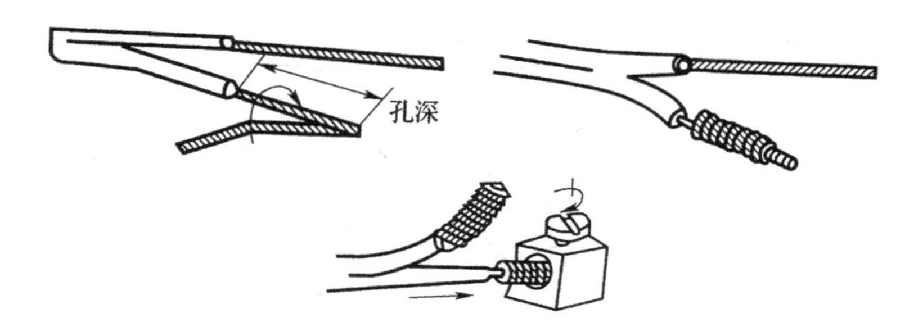

图1-23　软导线与针孔式接线柱的连接

2. 灯具的选用与安装

1）灯泡

在灯泡颈状端头上有灯丝的两个引出线端，电源由此通入灯泡内的灯丝。灯丝出线端的构造有插口式（也称卡口）和螺口式两种，如图1-24所示。

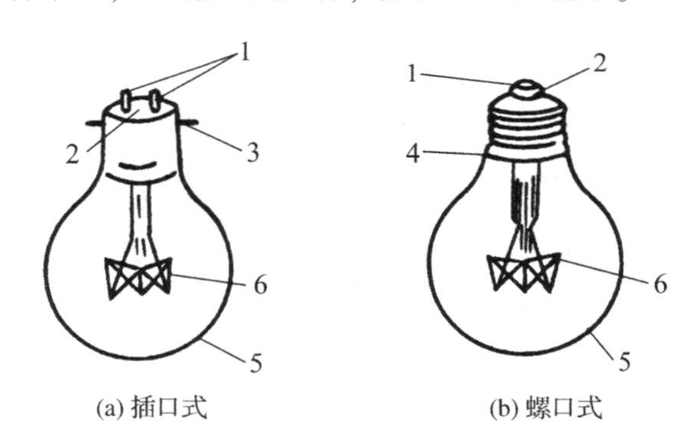

图1-24　白炽灯泡

1—触点；2—绝缘体；3—卡脚；4—螺纹触点；5—玻璃泡；6—灯丝

灯丝的主要成分是钨，为了防止其受振动而断裂，盘成弹簧圈状安装在灯泡内，灯泡内抽真空后充入少量惰性气体，以抑制钨的蒸发而延长其使用寿命。其通电后，靠灯丝发热至白炽化而发光，故称为白炽灯。其规格以功率标称，自15W至1000W分成多个档次。白炽灯发光效率较低，寿命也不长，但光色较受人欢迎。

2）灯座的安装

（1）灯座上有两个接线端子，一个与电源的中性线（俗称地线）连接，另一个与来自开关的一根连接线（即通过开关的相线，俗称火线）连接。插口灯座上有两个接线端子，可任意连接上述两个线头；但是螺口灯座上的接线端子，为了使用安全，切不可任意乱接，必须把中性线线头连接在连通螺纹圈的接线端子上，而把来自开关的连接线线头连接在连通中心铜簧片的接线端子上，如图1-25所示。

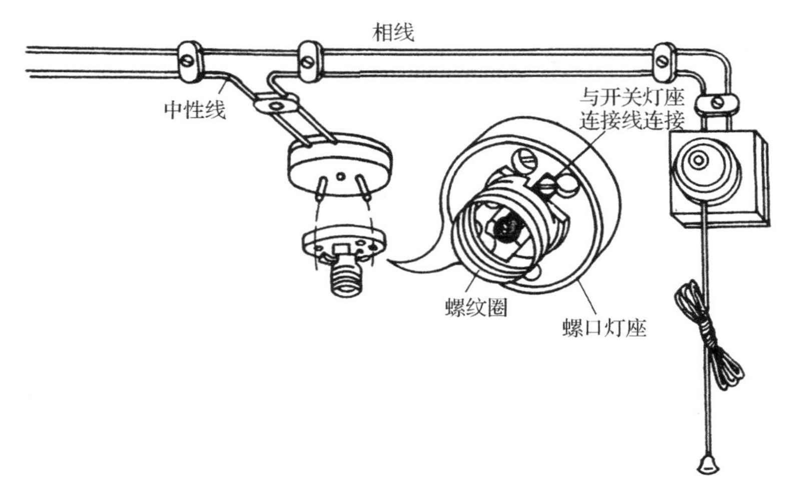

图1-25　螺口灯座安装

（2）吊灯灯座必须采用塑料软线（或花线）作为电源引线。两端连接前，均应先削去线头的绝缘层，接着将一端套入挂线盒罩，在近线端处打个结，另一端套入灯座罩盖后，也应在近线端处打个结，其目的是不使导线线芯承受吊灯的重量，如图 1-26 所示。然后分别在灯座和挂线盒上进行接线（如果采用花线，其中一根带花纹的导线应接在与开关连接的线上），最后装上两个罩盖和遮光灯罩。安装时，把多股的线芯拧绞成一体，接线端子上不应外露线芯。挂线盒应安装在木台上。

（3）平灯座要装在木台上，不可直接安装在建筑物平面上。

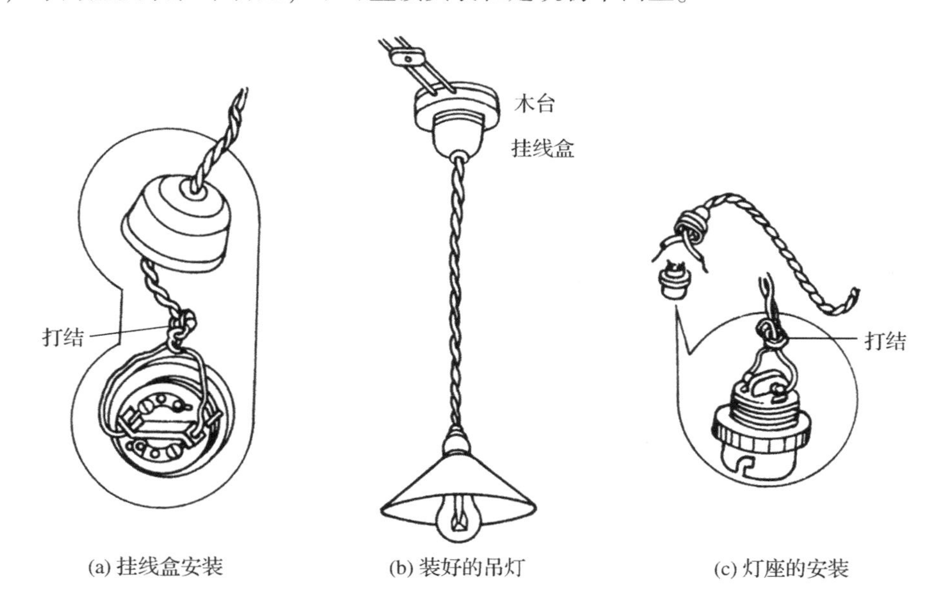

(a) 挂线盒安装　(b) 装好的吊灯　(c) 灯座的安装

图1-26　避免线芯承受吊灯重量的方法

3. 开关的安装

开关按应用结构分单联和双联两种，内部接线端子的安排情况如图 1－27 所示。

(a) 单联开关

(b) 双联开关

图1－27　单联／双联开关接线端子

1) 单联开关的安装

(1) 在开关内的两个接线端子，一个与电源线路中的一根相线连接，另一个接至灯座的一个接线端子，如图 1－28 (a) 所示。

(2) 在安装开关时，应使操作柄向下时接通电路，向上时分断电路，与刀开关恰巧相反。这是电工约定俗成的统一安装方法，沿用已久，不要装反。

2) 双联开关的安装

双联开关用于分在两处控制一盏电灯的电路，常用的接线方法如图 1－28 (b)所示。

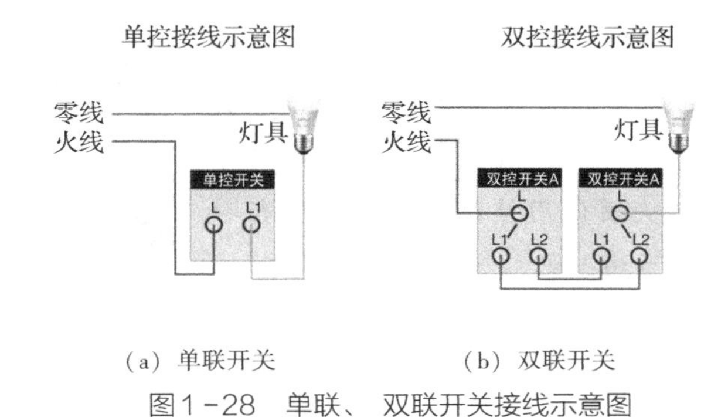

(a) 单联开关　　(b) 双联开关

图1－28　单联、双联开关接线示意图

知识链接

1. 导线与螺钉的压接

(1) 小截面的单股导线用螺钉压接在接线端时，必须把线头盘成圆圈形 (似羊眼圈)

再连接，弯曲方向应与螺钉的拧紧方向一致，如图 1－29 所示。圆圈的内径不可太大或太小，以防拧紧螺钉时散开。当螺钉头较小时，应加平垫圈。

（2）压接时不可压住绝缘层，有弹簧垫时应将弹簧垫压平。

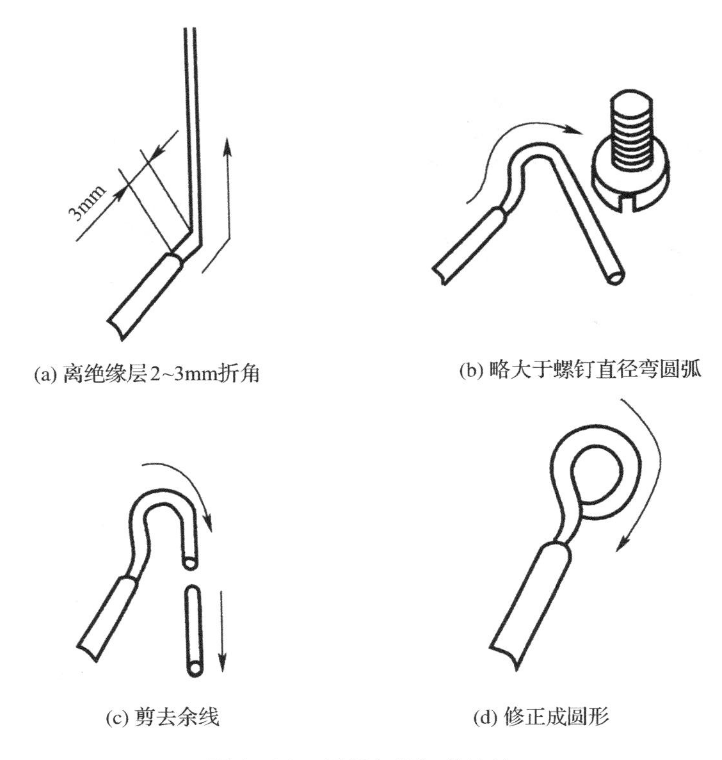

图1－29 导线与螺钉的连接

2. 软线用螺钉压接

软线线头与接线端连接时，不允许有芯线松散（刷锡紧固）和外露的现象。应按图 1－30 所示的方法进行连接，以保证连接牢固。较大截面的导线与平压式接线端连接时，线头须使用接线端子，线头与接线端子要连接紧固，然后由接线端子与接线端连接。

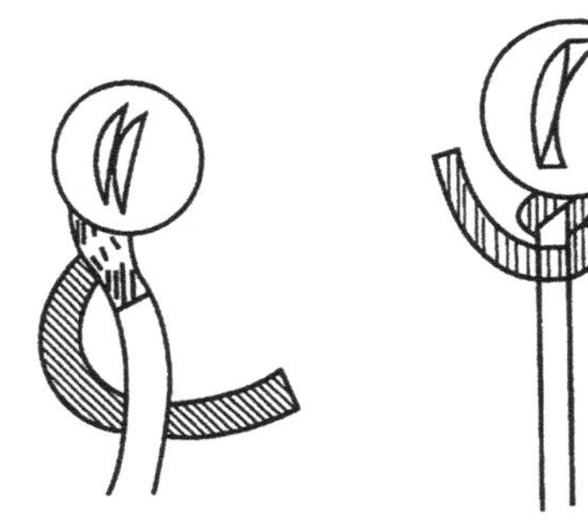

图1－30 软线与螺钉的连接

步骤四 电路检测

1. 检查流程

为了确保电路正常工作，当电路第一次安装调试或者第一次通电运行前都要进行检查。通电前检查的内容、方法与要求如图 1－31 所示。

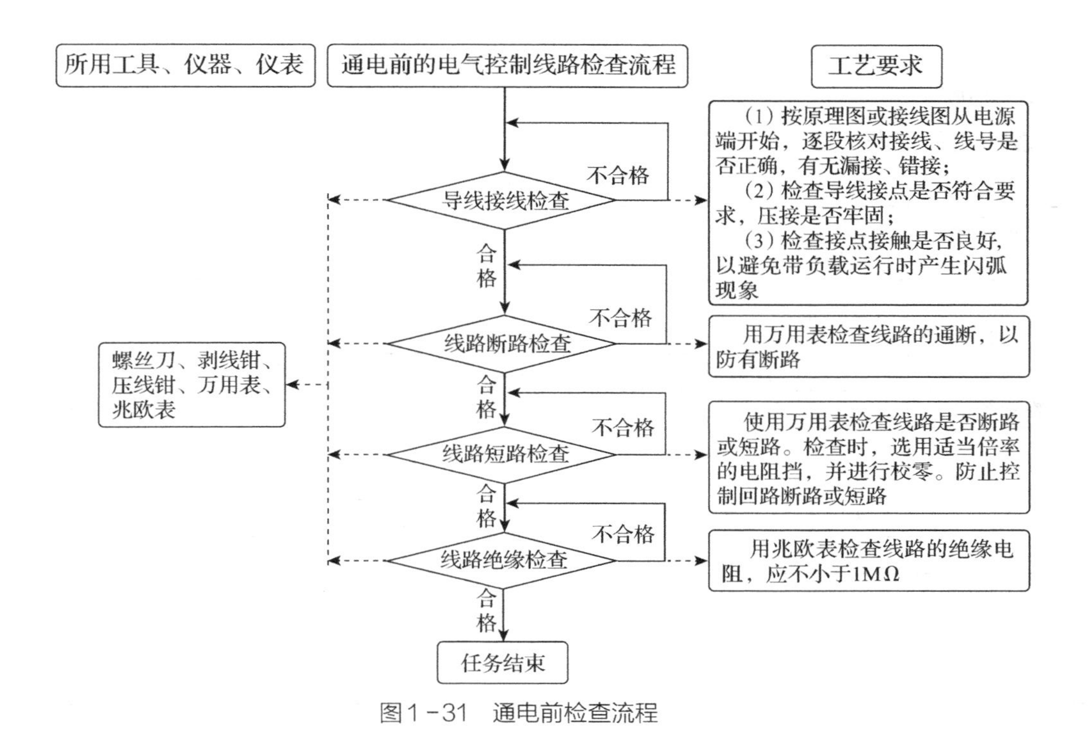

图1-31　通电前检查流程

2. 常见故障排除

常见故障和排除方法见表1-4。

表1-4　常见故障和排除方法

故障现象	产生故障的可能原因	排除方法
灯泡不发光	1. 灯丝断裂； 2. 灯座或开关触点接触不良； 3. 熔丝烧毁； 4. 电路开路； 5. 停电	1. 更换灯泡； 2. 修复接触不良触点，若无法修复应进行更换； 3. 修复熔丝； 4. 修复线路； 5. 开启其他用电器给以验明，或观察相邻不是同一进户点用户的情况给以验明
灯泡发光强烈	灯丝局部短路（俗称搭接）	更换灯泡
灯光忽亮忽暗，时亮时熄	1. 灯座或开关触点（或接线）松动，或因表面存在氧化层（铅制导线、触点易出现）； 2. 电源电压波动（通常由附近大容量负载经常启动引起）； 3. 熔丝接触不良； 4. 导线连接不妥，连接处松散	1. 修复松动的触头或接线，去除氧化层后重新接线，或去除触点的氧化层； 2. 更换配电变压器，增加容量； 3. 重新安装，或加固压紧螺钉； 4. 重新连接导线
不断烧断熔丝	1. 灯座或挂线盒连接处两头互碰； 2. 负载过大； 3. 熔丝太细； 4. 线路短路； 5. 胶木座两触点间胶木严重烧毁（碳化）	1. 重新连接线头； 2. 减轻负载或扩大线路的导线容量； 3. 正确选配熔丝规格； 4. 修复线路； 5. 更换灯座

3. 验收记录

验收记录见表 1－5。

表 1－5 验收记录

<table>
<tr><td>设备名称</td><td colspan="3"></td><td>设备型号</td><td></td></tr>
<tr><td>项目</td><td>序号</td><td colspan="3">检查内容</td><td>检查结果</td></tr>
<tr><td rowspan="3">通电前准备</td><td>1</td><td colspan="3">所有开关、熔断器都处于断开状态</td><td></td></tr>
<tr><td>2</td><td colspan="3">检测所有熔断器、灯泡、开关符合设计要求</td><td></td></tr>
<tr><td>3</td><td colspan="3">连接设备电源后检查电压值应在（1 ±20%）220V</td><td></td></tr>
<tr><td>检查结果</td><td>序号</td><td colspan="3">操作内容</td><td>检查内容</td></tr>
<tr><td rowspan="4">功能验收</td><td>1</td><td>按下 S1</td><td colspan="2">灯亮</td><td></td></tr>
<tr><td>2</td><td>按下 S2</td><td colspan="2">灯灭</td><td></td></tr>
<tr><td>3</td><td>按下 S2</td><td colspan="2">灯亮</td><td></td></tr>
<tr><td>4</td><td>按下 S1</td><td colspan="2">灯灭</td><td></td></tr>
<tr><td colspan="3">操作人（签字）：
年　月　日</td><td colspan="3">检查人（签字）：
年　月　日</td></tr>
</table>

过程考核评价

家用照明电路安装与调试过程考核评价见表 1－6。

表 1－6 家用照明电路安装与调试过程考核评价表

<table>
<tr><td colspan="8">项目一 家用照明电路安装与调试</td></tr>
<tr><td>学员姓名</td><td></td><td>学号</td><td></td><td>班级</td><td></td><td>日期</td><td></td></tr>
<tr><td>项目</td><td>考核项目</td><td colspan="2">考核要求</td><td>配分</td><td colspan="2">评分标准</td><td>得分</td></tr>
<tr><td rowspan="2">知识目标</td><td>元器件的识别与选用</td><td colspan="2">学会项目中元器件的识别与选取方法</td><td>20</td><td colspan="2">项目中的元器件识别、质量判别方法或基本特性，错误一项，每个元件扣 2 分</td><td></td></tr>
<tr><td>电路结构及工作原理分析</td><td colspan="2">1. 能理解电路的工作原理；
2. 熟悉电路的结构组成</td><td>10</td><td colspan="2">电路工作原理叙述不清楚扣 5 分</td><td></td></tr>
<tr><td>能力目标</td><td>装配</td><td colspan="2">1. 能正确使用电工装接工具；
2. 导线连接光滑、稳固；
3. 端口与导线连接符合安装工艺要求；
4. 元器件插装高度尺寸、标志方向符合规定工艺要求，无错装、漏装现象；
5. 敷线平直、合理</td><td>30</td><td colspan="2">1. 常用电工工具使用不正确，每错误一项扣 5 分；
2. 导线连接不光滑、不稳固，有毛刺，不符合工艺要求，每错误一处扣 5 分；
3. 元件插装不符合工艺要求，每错误一项扣 2 分；
4. 导线与端口连接处不符合要求，每错误一处扣 2 分</td><td></td></tr>
</table>

（续）

项目	考核项目	考核要求	配分	评分标准	得分
能力目标	调试	1. 能正确进行故障排除； 2. 能正确进行电路调试； 3. 能正确进行电路相关参数的测量	20	1. 不会使用仪器仪表按项目的要求进行电路调试扣5分； 2. 不能正确地进行电路相关参数的测量扣5分； 3. 不能正确地进行故障排查扣10分	
方法及社会能力	过程方法	1. 学会自主发现、自主探索的学习方法； 2. 学会在学习中反思、总结，调整自己的学习目标，在更高水平上获得发展	10	在工作中反思，有创新见解和自主发现、自主探索的学习方法，酌情给5~10分	
	社会能力	小组成员间团结、协作，共同完成工作任务，养成良好的职业素养（工位卫生、工服穿戴等）	10	1. 工作服穿戴不全扣3分； 2. 工位卫生情况差扣3分	
实训总结		你完成本次工作任务的体会（学到哪些知识，掌握哪些技能，有哪些收获）：			
得分					

工作小结

项目二 小区住户入户表箱安装与调试

任务描述

某家公司现有一批住宅入户表箱需要安装，已提供入户表箱的系统图，要求选择合适的元器件，根据原理图（见图 1－32）进行安装并调试成功。三天内完成，共计 24 工时。

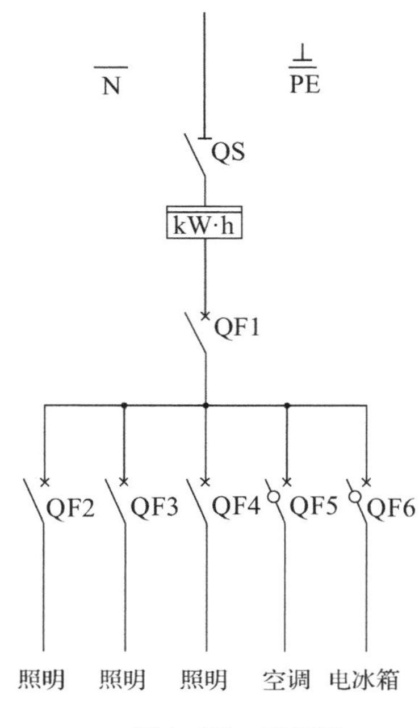

图1-32 原理图

接受任务

派工单见表 1－7。

表 1-7 派工单

工作地点	电器装配车间	工时	24	任务接受人	
派工人		派工时间		完成时间	
技术标准	GB/T 16895. 20—2017 《低压电气装置第 5－55 部分：电气设备的选择和安装 其他设备》				
工作内容	根据提供的资料，完成小区住房入户表箱装调工作，验收合格后交付生产部负责人				
其他附件	1. 电路原理图 1 张； 2. 电气元件明细表； 3. 电工工具				

（续）

任务要求	1. 工时：24h； 2. 按图加工	
验收结果	操作者自检结果： □合格　　□不合格 签名： 年　月　日	检验员检验结果： □合格　　□不合格 签名： 年　月　日

任务实施

◆ 让我们按下面的步骤进行本项目的实施操作吧！◆

知识储备　总配电装置

由一套电能表供电的全部电气装置（包括线路装置和用电装置），应安装一套总的控制和保护装置，这一套装置称为总配电装置。公用低压电网中的用户多数采用板列的安装形式（即配电板），但容量较大的低压用户采用的是配电柜。

1. 总配电板的组成

较大容量的配电板通常由隔离开关、总开关、总熔断器以及分路总开关和分路总熔断器等组成，系统图如图1-33（a）所示。一般容量的配电板通常由总开关和总熔断器组成，系统图如图1-33（b）所示。

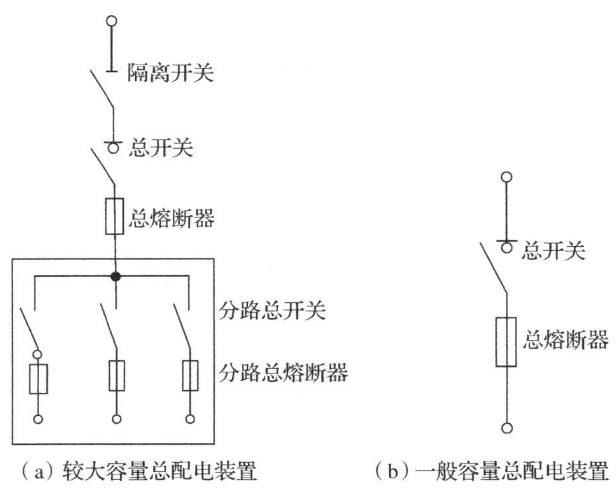

（a）较大容量总配电装置　（b）一般容量总配电装置

图1-33　总配电板组成系统图

2. 总配电板的作用

(1) 遇到重大事故发生时(如火灾、爆炸、坍屋和洪水等),能有效地切断整个电路的电源,以确保安全。

(2) 当线路或用电设备发生短路或严重过载而分路保护装置又失效时,能自动切断电源,防止故障蔓延。

(3) 当线路或重大设备进行大修需要断电时,能切断整个电路电源,以保证维修安全。

3. 总配电板的技术要求

(1) 总配电板应与电能表板装在一起,置于表板的右方或上方。

(2) 配电板上各种电气设备应安装在木板或木台上。与表板共用时(即统板),则应采用实心木板。用木板时,走线应明敷;用木台时,出线允许穿入木台进行暗敷。木板或木台的表面及四周边缘均应涂漆防潮。

(3) 大型配电板安装时的固定,应采用膨胀螺栓(或开脚螺钉),不允许采用木螺钉。一般规格的配电板,也可采用木螺钉的方法固定在墙面上。

(4) 配电板上的各种连接线,如电能表与总开关、总开关与熔断器等连接的导线,中间不得有接头。

(5) 配电板上各种电气设备的规格,必须尽可能统一,并应符合容量及技术性能的要求。

步骤一 安装前准备

1. 材料准备

材料明细表见表1-8。

表1-8 材料明细表

序号	元件名称	元件实物	电气符号
1	隔离开关(QS)		S
2	电能表(kWh)		kWh
3	低压断路器(QF)		QF
4	低压漏电保护断路器(QF)		QF

知识链接

1. 隔离开关

隔离开关是一种主要用于隔离电源、倒闸操作、连通和切断小电流电路，但无灭弧功能的开关器件。隔离开关在分位置时，触头间有符合规定要求的绝缘距离和明显的断开标志；在合位置时，能承载正常回路条件下的电流及在规定时间内异常条件（例如短路）下的电流。

1）功能

隔离开关在低压设备中主要适用于民宅、建筑等低压终端配电系统。其主要功能是不带负荷分断和接通线路。

(1) 用于隔离电源，将高压检修设备与带电设备断开，使其间有一明显可看见的断开点。

(2) 隔离开关与断路器配合，按系统运行方式的需要进行倒闸操作，以改变系统运行接线方式。

(3) 用以接通或断开小电流电路。

一般在断路器前后两面各安装一组隔离开关，目的均是将断路器与电源隔离，形成明显断开点。一般情况下，出线柜是从上面母线通过开关柜向下供电，在断路器前面需要一组隔离开关，以与电源隔离，但有时，断路器的后面也有来电的可能，如通过其他环路的反送和电容器等装置的反送，故断路器的后面也需要一组隔离开关。

2）隔离开关配置

隔离开关配置在主接线上，保证线路及设备检修时形成明显的断口，以与带电部分隔离，由于隔离开关没有灭弧装置及开断能力低，所以操作隔离开关时，必须遵守倒闸操作顺序，即送电时，首先合上母线侧隔离开关，其次合上线路侧隔离开关，最后合上断路器，停电则与上述顺序相反。

(1) 断路器的两侧均应配置隔离开关，以便在断路器检修时形成明显的断口与电源隔离。

(2) 中性点直接接地的普通变压器，均应通过隔离开关接地。

(3) 在母线上的避雷器和电压互感器，宜合用一组隔离开关，保证电器和母线的检修安全，每段母线上宜装设 1 ~2 组接地刀闸。

(4) 接在变压器引出线或中性点的避雷器可不装设隔离开关。

(5) 当馈电线路的用户侧没有电源时，断路器通往用户的那一侧可以不装设隔离开关。但为了防止雷电过电压，也可以装设隔离开关。

3）隔离开关选型

(1) 额定电压：隔离开关额定电压（kV）= 回路标称电压 ×1.2/1.1。

(2) 额定电流：额定电流标准值应大于最大负载电流的 150%。

(3) 额定热稳定电流：选择大于系统短路电流的额定热稳定电流值。

2. 电能表

电能表曾称电度表，又叫千瓦小时计，是计量耗电量的仪表，具有累计功能。它的种类繁多，最常用的是交流感应式电能表。

按用途，电能表可分为有功电能表和无功电能表，分别计量有功电能和无功电能；规格以额定电流分档，有功电能表的常用规格有 3A、5A、10A、25A、50A、75A 和 100A 等多种。

按结构，电能表可分为单相电能表、三相三线电能表和三相四线电能表三种，如图 1－34 所示。凡用电量（任何一相的计算负荷电流）超过 100A，必须配置电流互感器；无功电能表的额定电流通常只有 5A，所以使用时必须与电流互感器配合，它分三相三线和三相四线两种，额定电压有 380V 和 100V 两种。

(a) 单相电能表

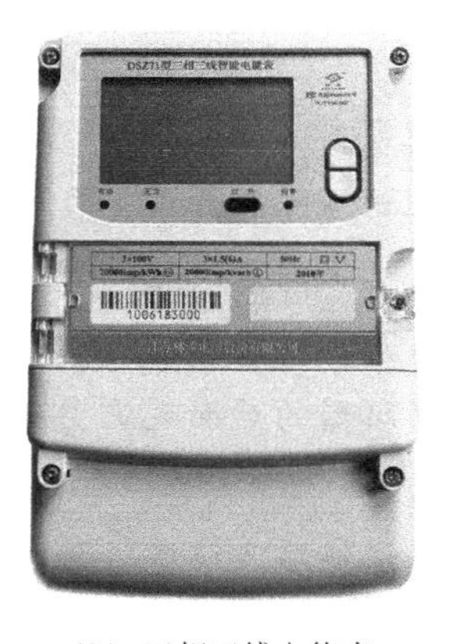

(b) 三相三线电能表

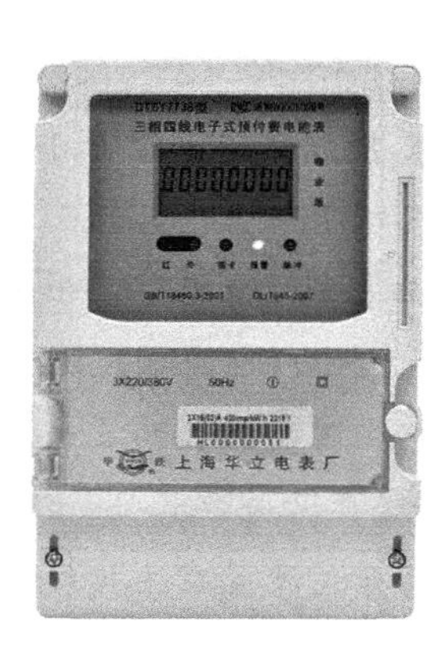

(c) 三相四线电能表

图1－34 电能表实物图

3. 低压断路器

1) 低压断路器的作用

断路器又称自动开关，是指能接通、承载以及分断正常电路条件下的电流，也能在规定的非正常电路条件（如短路）下接通、承载一定时间和分断电流的一种机械开关电器。按规定条件不同，断路器可对配电电路、电动机或其他用电设备实行通断操作并起保护作用，即当电路内出现过载、短路或欠电压等情况时，它能自动分断电路。

通俗地讲，断路器是一种可以自动切断故障线路的保护开关，它既可用来接通和分断正常的负载电流，也可用来接通和分断短路电流，在正常情况下还可以用于不频繁地接通和断开电路。

断路器具有动作值可调整、兼具控制和保护两种功能、安装方便、分断能力强等优点，特别是在分断故障电流后一般不需要更换零部件，因此应用非常广泛。断路器的外形如图 1－35 所示。

DW45 系列断路器

YTAM1 系列断路器

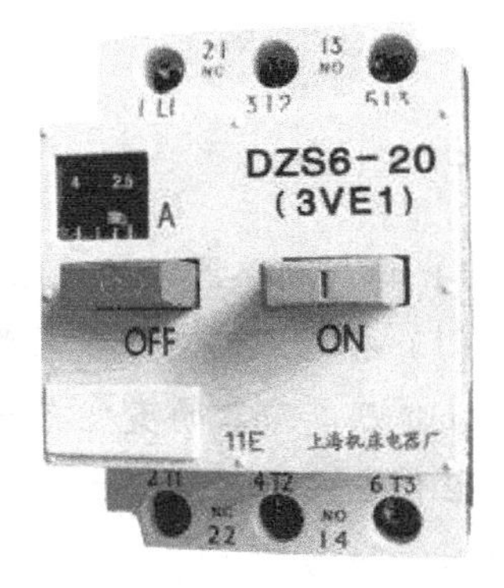

DZS 系列断路器

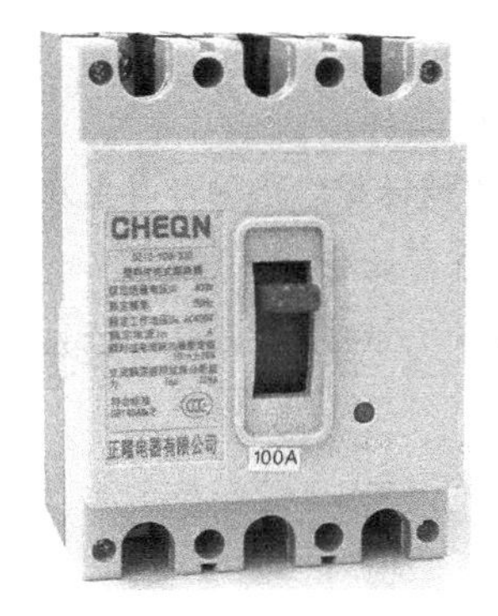

DZ10 系列断路器

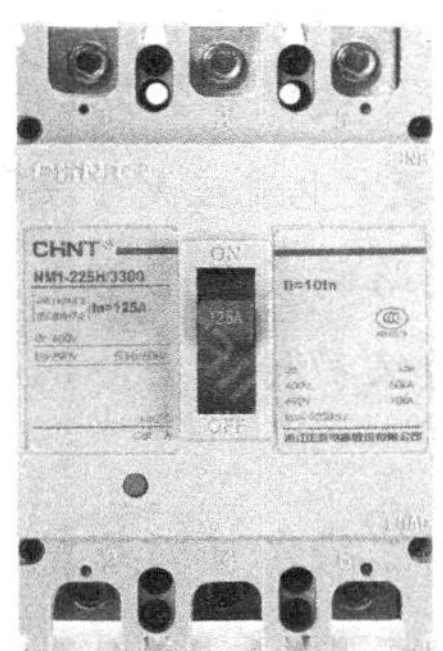

NM1 系列断路器

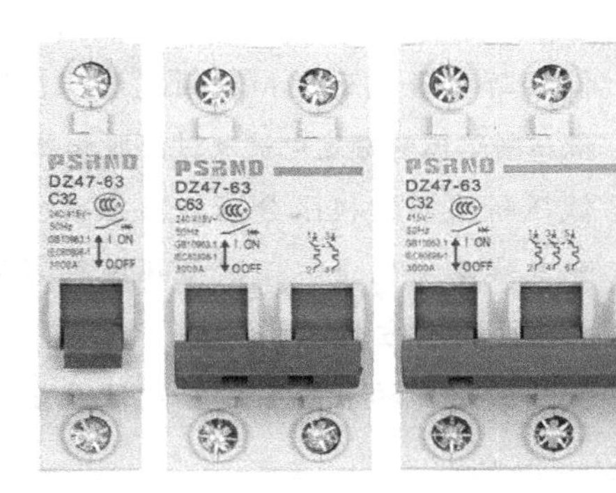

DZ47 系列断路器

图1－35　断路器实物图

2）常用低压断路器的图形符号和文字符号

常用低压断路器的图形符号和文字符号如图 1－36 所示。

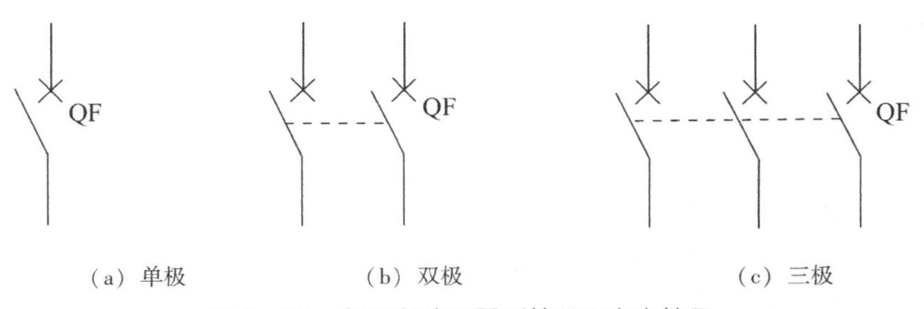

（a）单极　（b）双极　（c）三极

图1－36　低压断路器图形符号和文字符号

3）低压断路器的型号含义

低压断路器的型号含义如图 1－39 所示。

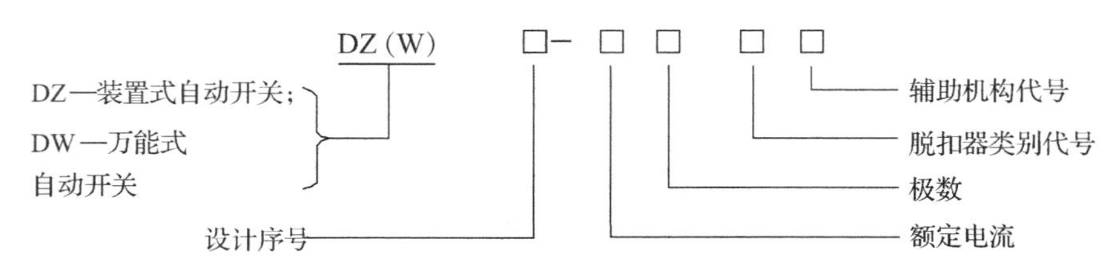

图1-37 型号含义

4）低压断路器的选用原则

（1）根据线路对保护的要求确定低压断路器的类型和保护形式。

①低压断路器的类型有万能式低压断路器、塑壳式低压断路器、微型断路器。

②低压断路器的保护形式有两段保护（过载长延时、短路短延时），三段保护（过载长延时、短路短延时、严重短路瞬时），四段保护（过载长延时、短路瞬时、短路短延时、单相接地）。

（2）低压断路器的额定电压应大于或等于被保护线路的额定电压。

（3）低压断路器欠压脱扣器额定电压应等于被保护线路的额定电压。

（4）低压断路器的额定电流及过流脱扣器的额定电流应大于或等于被保护线路的计算电流。

（5）低压断路器的极限分断能力应大于线路的最大短路电流的有效值。

（6）配电线路中的上、下级低压断路器的保护特性应协调配合，下级的保护特性应位于上级保护特性的下方且不相交。

（7）低压断路器的长延时脱扣电流应小于导线允许的持续电流。

4. 漏电保护器

剩余电流动作保护装置俗称漏电保护器，由操作机构、电磁脱扣器、触点系统、灭弧室、零序电流互感器、漏电脱扣器、试验装置等部件组成，是一种用于按 TN、TT、IT 要求接地的系统中，在配电回路对地泄漏电流过大、用电设备发生漏电故障及人体触电的情况下，防止事故进一步扩大的防护装置。它分为剩余电流动作保护开关和剩余电流动作保护继电器两类，如图 1-38 所示。

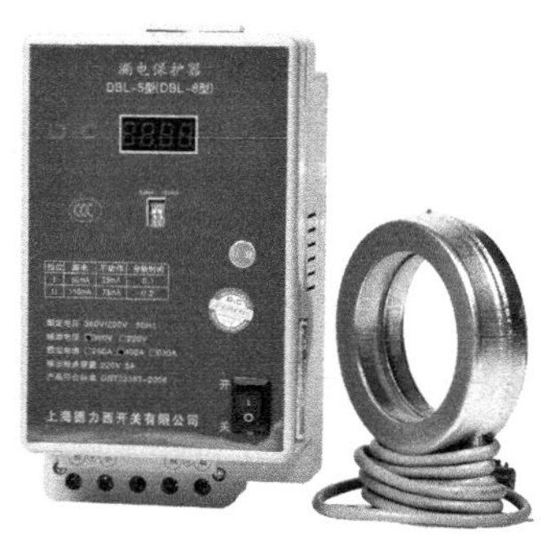

（a）剩余电流动作保护开关

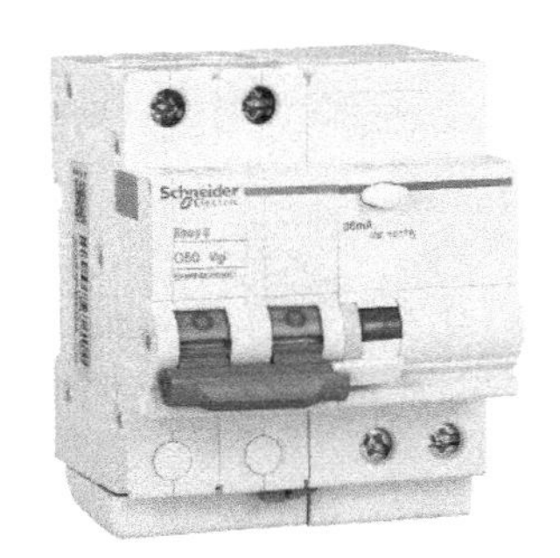

（b）剩余电流动作保护继电器

图1-38 漏电保护器实物图

用电设备漏电容易引起火灾，人体触电会造成人身伤亡事故。漏电故障包括配电回路对地泄漏电流过大、电气设备因绝缘损坏而使金属外壳或与之连接的金属构件带电及人体触及电气设备带电部位的电击等。因此，剩余电流动作保护器的正常工作状态应当是：当用电设备工作没有发生漏电故障时，漏电保护部分不动作；一旦发生漏电故障，漏电保护部分应迅速动作切断电路，以保护人体及设备的安全，并避免因漏电而造成火灾。反之，如果没有发生漏电故障，剩余电流动作保护器由于本身动作特性的改变或由于各种干扰信号而发生误动作，将电路切断，将导致用电电路不应有的停电事故或用电设备不必要的停运。这将降低供电可靠性，造成一定的经济损失。显然，漏电故障是不应频繁发生的，因此剩余电流动作保护装置在较长的工作时间内都不会动作，一旦动作应当是准确可靠的，所以剩余电流动作保护装置属不频繁动作的保护电器，其通常与低压断路器组合，构成漏电断路器。

漏电断路器在正常情况下的功能、作用与低压断路器相同，作为不频繁操作的开关电器。当电路泄漏电流超过规定值时或有人被电击时，它能在安全时间内自动切断电源，起到保障人身安全和防止设备因发生泄漏电流而造成火灾等事故。

2. 仪表准备

仪器仪表明细表见表 1 –9。

表 1 –9　仪器仪表明细表

序号	名称	结构实物图
1	万用表	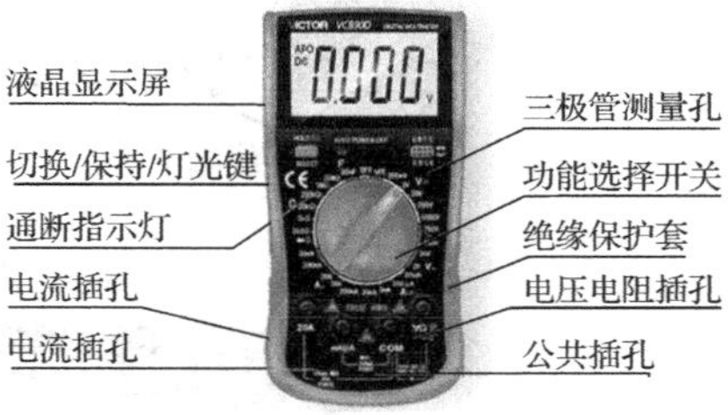 液晶显示屏 切换/保持/灯光键 通断指示灯 电流插孔 电流插孔 三极管测量孔 功能选择开关 绝缘保护套 电压电阻插孔 公共插孔
2	钳形电流表	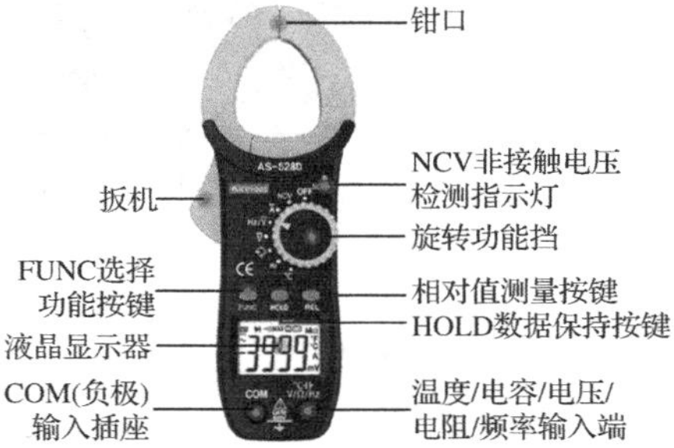 钳口 扳机 NCV非接触电压检测指示灯 旋转功能挡 FUNC选择功能按键 相对值测量按键 HOLD数据保持按键 液晶显示器 COM(负极)输入插座 温度/电容/电压/电阻/频率输入端
3	兆欧表	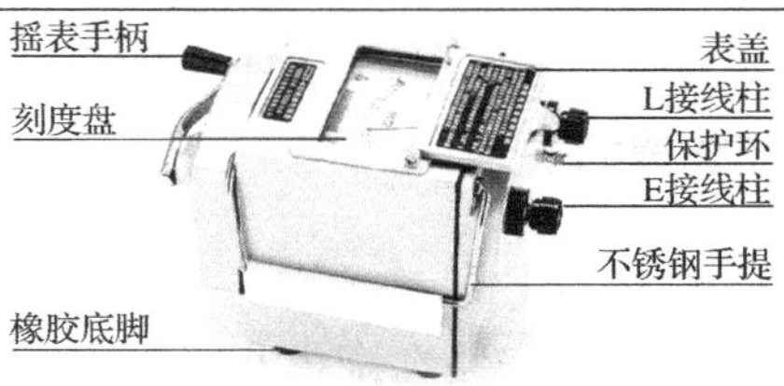 摇表手柄 刻度盘 表盖 L接线柱 保护环 E接线柱 不锈钢手提 橡胶底脚

步骤二 电路安装

1. 隔离开关的安装

隔离开关应竖直安装，必须使静触头置于上方，接电源进线；动触头置于下方，接电源出线，切不可装反接错，也不可横装，以免发生合闸。

2. 电能表的安装

电压线圈并联接在线路上，即与负载并联；电流线圈串联接在线路上，即与负载串联。具体接线时，应按电能表接线盒盖内侧的接线图连接。各种电能表的接线端子均按由左至右的顺序编号。单相有功电能表的接线端子，进出线有两种排列形式：一种是 1、3 接进线，2、4 接出线；另一种是 1、2 接进线，3、4 接出线。国产单相有功电能表统一规定采用前一种排列形式。常用有功电能表的接线图，如图 1-39 所示。电能表接线完毕，在接电前，应由供电部门把接线端子盒盖加铅封，用户不可擅自打开。

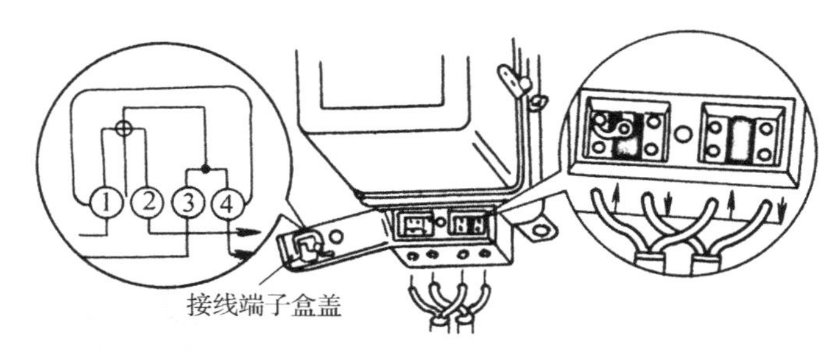

（a）电能表内部接线图

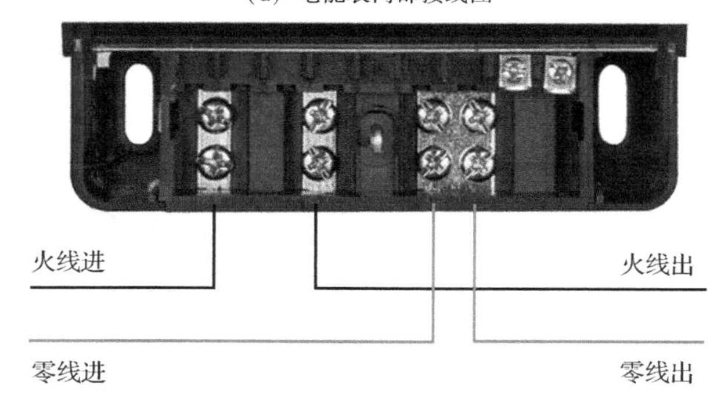

（b）电能表实物接线图

图1-39 电能表接线图

3. 断路器的安装

1）进户接线

断路器应垂直安装在配电板上，上端（L）接电能表的出线（火线），另一端（N）

接电能表的出线（零线），如图 1－40 所示。

2）室内接线

进户断路器的下端（L）与室内断路器所有上端（L）相连，下端（N）与室内断路器所有上端（N）相连，如图 1－41 所示。

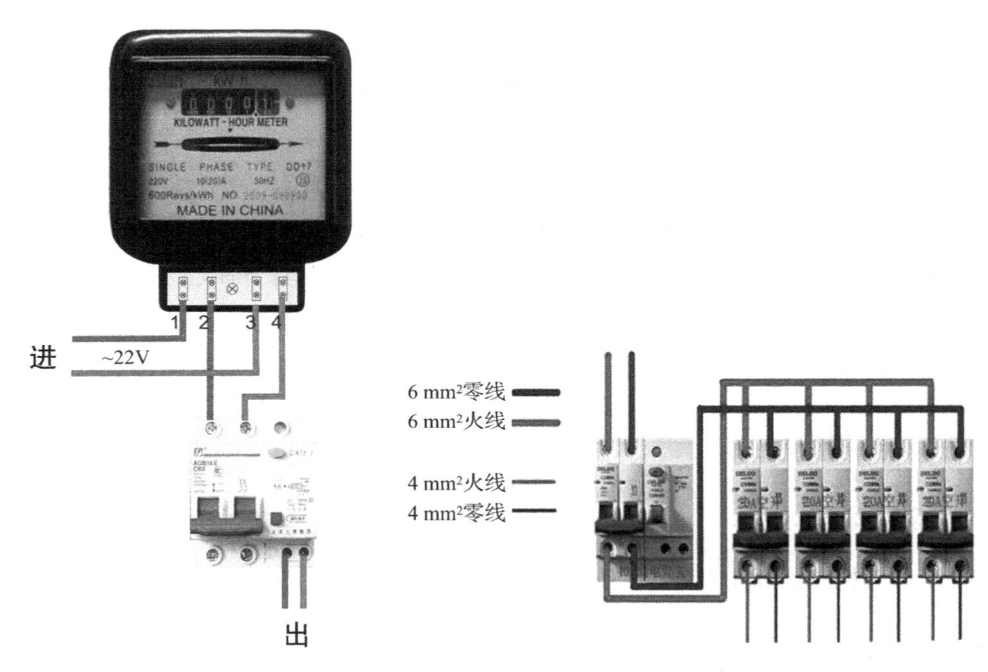

图1－40　电能表与断路器接线图

图1－41　室内接线图

知识链接　室内线路安装基本要求

室内配电线路除了应符合配电线路的通用技术要求外，还应做到以下几方面。

（1）使用不同电价的用电设备，其线路应分开安装，如照明线路和动力线路；使用相同电价的用电设备，允许安装在同一线路上，如小容量单相电动机、单相电炉，允许与照明线路共用。具体安排线路时，还应考虑到检修和事故照明等需要。

（2）不同电压和不同电价的线路应有明显区别，如安装在同一块配电板上，应用文字注明电压等级和用途，便于维修。

（3）照明线路的每一分路，装接电灯盏数和插座数的总和，一般不可超过 25 只，同时每一分路的最大负荷不应超过 15A；电热线路的每一分路，装接的插座数一般不可超过 6 只，同时每一分路的最大负荷不应超过 30A。

（4）在线路导线截面减小的地方或线路的分支处，一般均应安装一组熔断器。但符合下列情况之一时，则允许免装：

①导线截面减小后或分支线的导线安全载流量，不小于前一段有保护的导线安全载流量的50%时；

②前一段有保护的线路，已装熔体的额定电流不大于20A时；

③当管子线路分支导线的长度不超过30m或明敷线路分支导线长度不超过1.5m时。

(5) 室内线路使用的导线，其额定电压应大于线路工作电压，对明线敷设的导线应采用绝缘导线，导线的最小截面和敷设距离应符合规定。

(6) 为确保安全，室内电气管线和配电设备及其他管道、设备间的最小距离，应符合规定。

(7) 配线时，应尽量避免导线有接头，若允许接头，应采用压接或熔接。但穿在管内的导线，在任何情况下都不能有接头。必要时应把接头放在接线盒、开关盒或灯头盒内。

(8) 导线穿墙、穿过吊顶及穿过楼板时，应采用保护管。保护管有瓷管、钢管和硬塑料管。穿楼板时，不应采用瓷管保护；穿墙导线采用瓷管保护时，瓷管伸出墙面至少10mm，若穿向室外必须一根瓷管穿一根线，但其他场合不属此列。各保护管管径选择原则：管内导线的总截面面积（包括绝缘层）不应超过管子有效截面面积的40%。

步骤三 电路检测

1. 检查流程

按照通电检查流程图对电路进行检查。

知识链接 万用表使用

1. 交流电压的测量

1）测量步骤

(1) 红表笔插入VΩ孔。

(2) 黑表笔插入COM孔。

(3) 旋钮扳到V~挡，选择量程750V。

(4) 将红黑表笔插入需要测量的孔中。

(5) 读出显示屏上显示的数据。

2）注意事项

(1) 表笔插孔不要插错。

(2) 交流电压无正负之分。

(3) 注意人身安全，不要随便用手触摸表笔的金属部分。

2. 线路通断的测量

1）测量步骤

(1) 红表笔插入VΩ孔。

(2) 黑表笔插入 COM 孔。

(3) 量程扳到二极管/蜂鸣器挡。

(4) 用红黑表笔测量被测体。

2) 注意事项

(1) 表笔孔不要插错。

(2) 若听见“嘀嘀”声说明电路为通路。

(3) 若显示“1”则说明电路为断路。

3. 验收记录

验收记录见表 1-10。

表 1-10　验收记录

设备名称			设备型号	
项目	序号	检查内容		检查结果
通电前准备	1	所有开关处于断开状态		
	2	检测所有电能表、开关是否符合设计要求		
	3	连接设备电源后检查电压值应在(1±10%)220V		
功能验收	1	主电路相线间短路检查		
	2	相线与地线间短路检查		
	3	保护接地检查		
操作人(签字): 年　月　日			检查人(签字): 年　月　日	

过程考核评价

小区住户入户表箱安装与调试过程考核评价见表 1-11。

表 1-11　小区住户入户表箱安装与调试过程考核评价表

项目二　小区住户入户表箱安装与调试					
学员姓名		学号		班级	日期
项目	考核项目	考核要求	配分	评分标准	得分
知识目标	元器件的识别与选用	学会项目中元器件的识别与选取方法	20	项目中的元器件识别、质量判别方法或基本特性错误一项，每个元件扣 2 分	
	电路结构及工作原理分析	1. 能理解电路的工作原理; 2. 熟悉电路的结构组成	10	电路工作原理叙述不清楚扣 5 分	

（续）

项目	考核项目	考核要求	配分	评分标准	得分
能力目标	装配	1. 能正确使用电工装接工具； 2. 导线连接光滑、稳固； 3. 端口与导线连接符合安装工艺要求； 4. 元器件插装高度尺寸、标志方向符合规定工艺要求，无错装、漏装现象； 5. 敷线平直、合理	30	1. 常用电工工具使用不正确，每错误一项扣5分； 2. 导线连接不光滑、不稳固，有毛刺，不符合工艺要求，每错误一处扣5分； 3. 元件插装不符合工艺要求，每错误一项扣2分； 4. 导线与端口连接处不符合要求，每错误一处扣2分	
	调试	1. 能正确进行故障排除； 2. 能正确进行电路调试； 3. 能正确进行电路相关参数的测量	20	1. 不会使用仪器仪表按项目的要求进行电路调试扣5分； 2. 不能正确地进行电路相关参数的测量扣5分； 3. 不能正确地进行故障排查扣10分	
方法及社会能力	过程方法	1. 学会自主发现、自主探索的学习方法； 2. 学会在学习中反思、总结，调整自己的学习目标，在更高水平上获得发展	10	在工作中反思，有创新见解和自主发现、自主探索的学习方法，酌情给5～10分	
	社会能力	小组成员间团结、协作，共同完成工作任务，养成良好的职业素养（工位卫生、工服穿戴等）	10	1. 工作服穿戴不全扣3分； 2. 工位卫生情况差扣3分	
实训总结		你完成本次工作任务的体会（学到哪些知识，掌握哪些技能，有哪些收获）：			
得分					

工作小结

学习任务二

继电控制电路装调与维修

01

电力拖动是指用电动机来带动生产机械运动的一种方法。电力拖动系统由三部分组成，即电动机、电动机的控制和保护电器、电动机与生产机械的传动装置。本任务介绍如何用电气设备来控制电动机和保护电动机的正常运行。

各种机床和机械设备有不同的电气控制线路，要准确而迅速地排除机床和机械电气控制线路的故障，必须熟悉它的工作原理。而每台机床控制线路不管多么复杂，总是由几个基本控制环节组成的，每个基本环节起着不同的控制作用。在分析判断机床和机械设备控制线路的故障时，一般都是从基本控制环节着手。因此，掌握电力拖动基本环节对分析机床和机械设备电气控制线路的工作原理和维修有很大帮助。

电力拖动常用的基本环节有全电压启动、减压启动、制动和调速等控制线路。电气线路一般有控制保护系统图、安装接线图和电气原理图等三种，如图 1 和图 2 所示。

图1　三相交流异步电动机

图2　电动机的控制和保护电路

项目一　升降机控制电路安装与调试

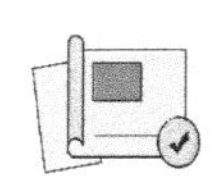

任务描述

某机床公司生产车间接到一批生产订单，由于恰逢生产高峰期，设备安装工人紧缺，为不影响工期，决定向我校借调一批学员前往完成升降电机电路的安装与调试工作，任务完成后将支付一定的报酬。生产部负责人在下发工作任务单给学员的同时，提供了该电路的电气原理图、电气元件布置图、电气接线图和电气控制线路安装工艺卡等技术资料，要求学员按照安装工艺卡完成电气控制线路安装。学员完成对线路的自检后，由专业教师进行电气控制线路检查、通电调试、功能验收，合格后交付生产部负责人。工时要求为32h，工作现场管理按“6S”（整理，seiri；整顿，seiton；清扫，seiso；清洁，seiketsu；安全，security；素养，shitsuke）标准执行。

接受任务

派工单见表2－1。

表2－1　派工单

<table>
<tr><td>工作地点</td><td>电器装配车间</td><td>工 时</td><td>32</td><td>任务接受人</td><td></td></tr>
<tr><td>派工人</td><td></td><td>派工时间</td><td></td><td>完成时间</td><td></td></tr>
<tr><td>技术标准</td><td colspan="5">GB/T 16895. 20—2017
《低压电气装置第5－55部分：电气设备的选择和安装 其他设备》</td></tr>
<tr><td>工作内容</td><td colspan="5">根据提供的资料，完成升降电机电路装调工作，验收合格后交付生产部负责人</td></tr>
<tr><td>其他附件</td><td colspan="5">1. 电路原理图1张；
2. 电气元件明细表；
3. 电气元件布置图；
4. 电工工具</td></tr>
<tr><td>任务要求</td><td colspan="5">1. 工时：32h；
2. 工作现场管理按“6S”标准执行</td></tr>
<tr><td>验收结果</td><td colspan="2">操作者自检结果：
□合格　□不合格
签名：
年　月　日</td><td colspan="3">检验员检验结果：
□合格　□不合格
签名：
年　月　日</td></tr>
</table>

任务实施

◆ 让我们按下面的步骤进行本项目的实施操作吧！◆

步骤一　安装前准备

1. 电气元件

电气元件明细表见表2－2。

表2－2　电气元件明细表

序号	元件名称	实物图	电气符号
1	低压断路器		QF

（续）

序号	元件名称	实物图	电气符号
2	熔断器		FU
3	交流接触器		KM
4	热继电器		FR
5	按钮		SB　SB　SB
6	电动机		M 3~

知识链接

1．交流接触器

1）用途

适用于交流50Hz或60Hz，额定电压至1000V，额定电流至1250A以下的电力线路电路中，供远距离接通与分断电路及频繁起动、控制交流电动机。

2）分类

根据主触头通过的电流种类，可分为交流接触器和直流接触器两类。

交流接触器种类很多，应用最为广泛的是空气电磁式交流接触器。常用的有国产CJ10

(CJT1)、CJ20 和 CJ40 等系列，国外的有 CJX1（3TB 和 3TF）、CJX8（B）系列、CJX2 系列等，如图 2－1 所示。

CJT1 系列　　C20 系列

CJX1 系列　　CJX2 系列

图 2－1　各系列交流接触器实物图

3）型号含义

交流接触器型号含义如图 2－2 所示。

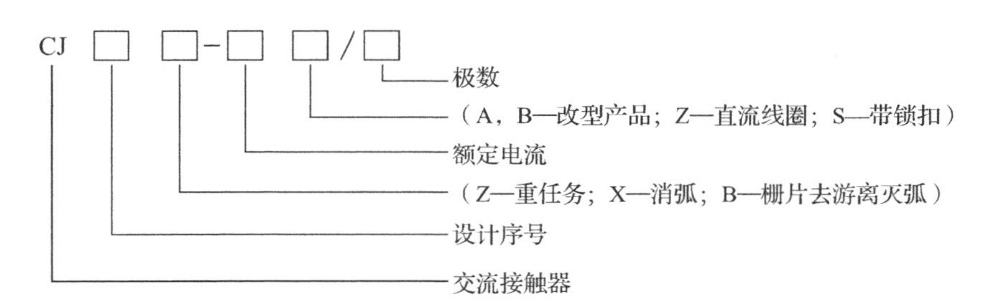

图 2－2　型号含义

4）结构和符号

交流接触器由电磁系统、触头系统、灭弧装置和辅助部件等组成。

(1) 电磁系统由线圈、静铁芯和动铁芯（衔铁）三部分组成。静铁芯在下、动铁芯在上，线圈装在静铁芯上。铁芯是交流接触器发热的主要部件，铁芯用“E”形硅钢片叠压而成（减少磁滞和涡流损耗）。中柱端面有0.1～0.2mm气隙，两端面上嵌有短路环，线圈做成粗而短的圆筒形。

运动方式有：I_N 在40A及以下的采用衔铁直线运动的螺管式，在60A及以上的采用衔铁绕轴转动的拍合式。

（2）触头系统。

①按通断能力分为主触头（三对常开）、辅助触头（两对常开、两对常闭）。交流接触器结构如图2－3所示。

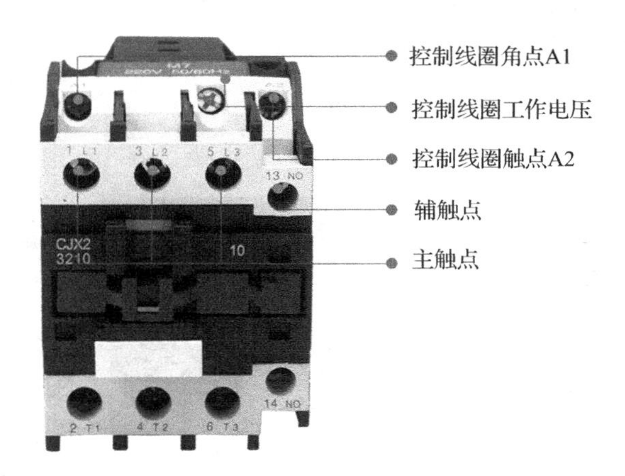

图2－3 交流接触器结构

②按接触情况分为点、线、面接触式。

③按结构形式分为桥式和指形触头（CJ10一般采用双断点桥式）。

5）符号

交流接触器图形符号如图2－4所示。

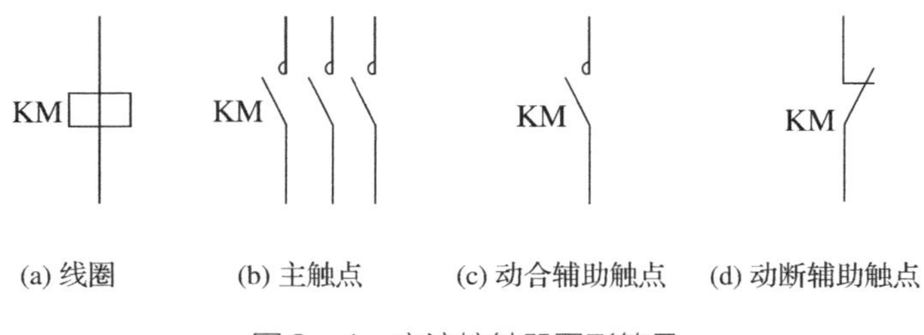

图2－4 交流接触器图形符号

6）工作原理

当线圈通电后，线圈电流产生磁场，使静铁芯产生电磁吸力，将衔铁吸合。衔铁带动触点动作，使动断触点断开，动合触点闭合。当线圈断电时，电磁吸力消失，衔铁在反作用弹簧力的作用下释放，各触点随之复位。

交流接触器还有一定的欠压保护作用，当电路中的电压降到一定的程度时，电磁铁因吸力不足而跳开，使动静触头分离。

7）触头动作情况

线圈通电时，常闭触头先分断，常开触头随即闭合。

线圈断电时，常开触点先恢复分断，随即常闭触头恢复原来的闭合状态。

2. 热继电器

热继电器是利用通过继电器的电流所产生的热效应而反时限动作的自动保护电器。

1）作用

作为电动机的过载、断相、电流不平衡运行的保护及其他电气设备发热状态的控制。

2）分类（常用双金属片式）

（1）按极数分为单极、两极和三极（三极又包括带断相和不带断相保护装置）三种。

（2）按复位方式分为自动复位式和手动复位式两种。

3）结构及工作原理

热继电器由热元件、传动机构、常闭触头、电流整定装置和复位按钮组成，如图2－5所示。

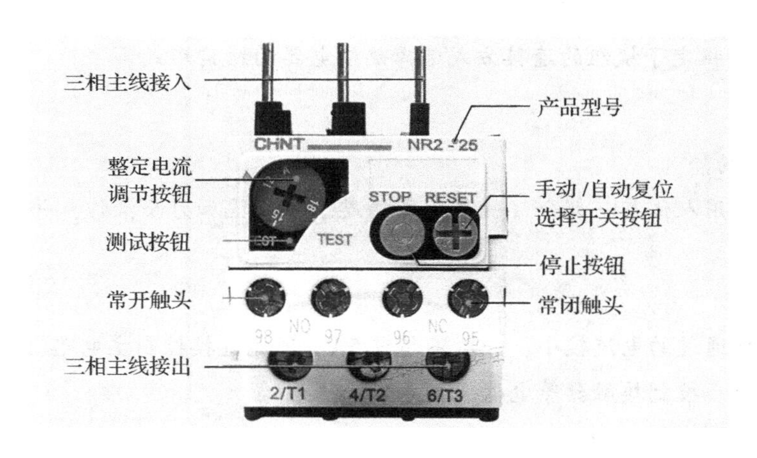

图2－5　热继电器结构

热元件串联在主电路中，常闭触头串联在控制电路中。自动复位时间不大于5min，手动复位时间不大于2min。整定电流指热继电器连续工作而不动作的最大电流，其大小可通过旋转整定旋钮来调节。超过整定电流，热继电器将在负载未达到其允许的过载极限之前动作。

热继电器图形符号如图2－6所示。

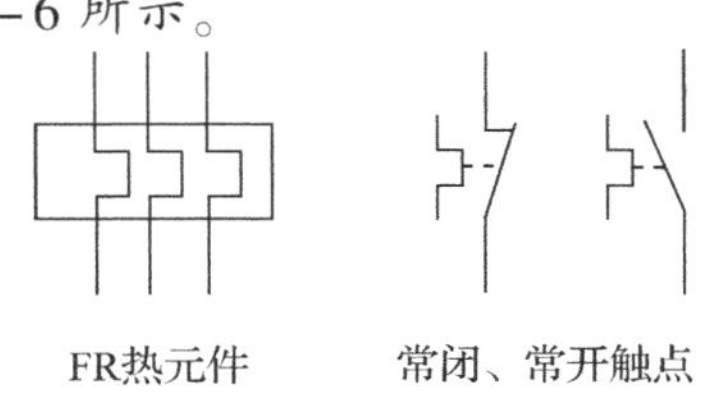

图2－6　热继电器图形符号

热继电器由于有热惯性及传动机构传递信号的惰性，从过载到触头动作需要一定的时间，因此不能用作短路保护。

4）型号含义及技术数据

热继电器型号含义如图2-7所示。

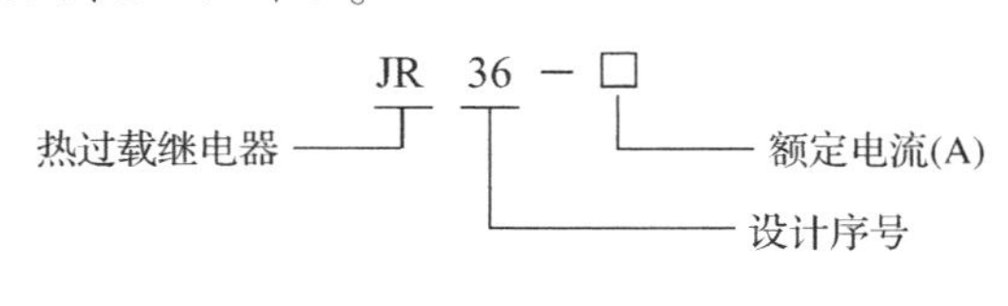

图2-7 型号含义

JR36系列是在JR16B基础上改进设计的，具有断相保护、温度补偿、自动与手动复位等功能，适用于50Hz、660V（或690V）、电流0.25~160A的电路中。

5）热继电器的选用

主要根据电动机的I_N来确定热继电器的规格和热元件的电流等级。

（1）根据$I_{N电动机}$选规格。一般应使$I_{N热}$略大于$I_{N电动机}$。

（2）根据需要的整定电流值选热元件的编号和电流等级。一般情况下，热元件的整定电流$I_{热元件整定}=(0.95\sim1.05)I_{电机}$。

（3）据电动机定子绕组的连接方式选择热继电器的结构形式。

3．按钮

1）按钮的功能

按钮是一种用人体某一部分（一般为手指或手掌）施加力而操作，并具有弹簧储能复位的控制开关。

2）应用场合

其触头允许通过的电流较小，一般不超过5A。不能直接控制主电路（大电流），而是发出指令或信号，控制接触器等电器。

3）按钮的结构原理与符号

按钮由按钮帽、复位弹簧、桥式动触头、静触头、支柱连杆及外壳等组成，如图2-8所示。

触头种类不同可分为启动按钮（常开）、停止按钮（常闭）、复合按钮（常开、常闭组合在一起）。其中，复合按钮的动作顺序：按下时，常闭先断，常开才合；松开时，常开先断，常闭再合。

按钮的图形符号如图2-9所示。

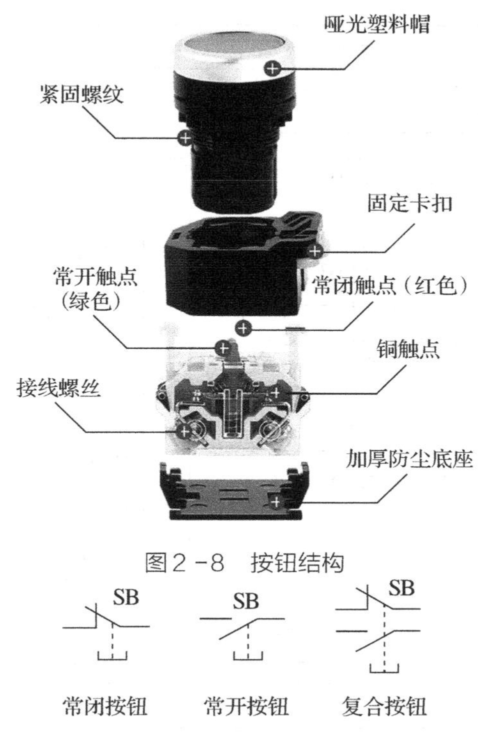

图2－8　按钮结构

图2－9　按钮的图形符号

4）按钮的型号含义

按钮的型号含义如图2－10所示。

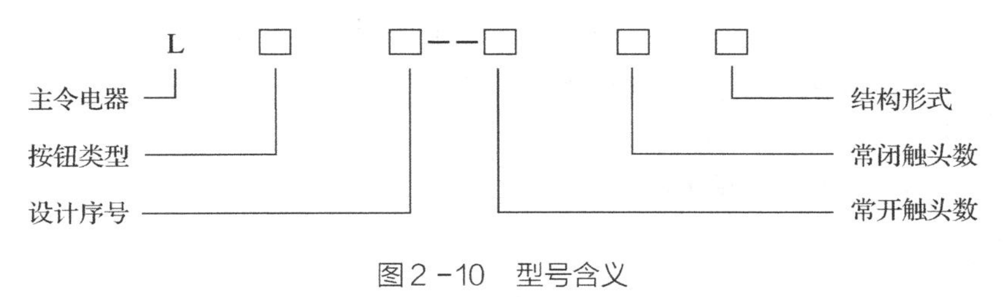

图2－10　型号含义

5）按钮的选用

（1）根据使用场合和用途选种类。

（2）根据工作状态指示和工作情况要求选颜色。

（3）根据控制需要选数量。

步骤二　工作原理

1. 工作原理

工作原理如图2－11所示。

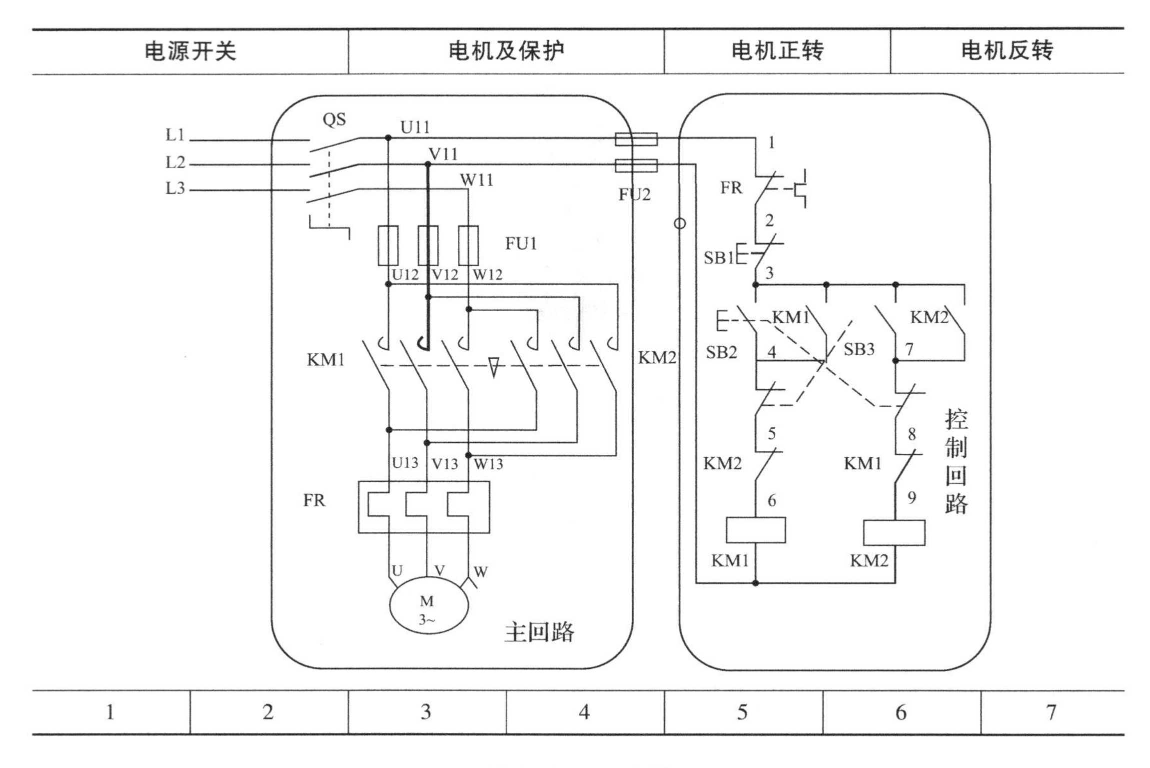

图2-11　原理图

2. 正转控制

按压 SB1：
- KM1 线圈获电：
  - KM1 主触点闭合，电动机正转启动
  - KM1 辅助触点闭合，实现自锁
  - KM1 辅助触点断开，实现联锁
- SB1 常闭断开实现联锁

反转控制

按压 SB3，KM1 线圈断电：
- KM1 主触点断开，电动机失电运转
- KM1 辅助触点断开，解除自锁
- KM1 辅助触点闭合，解除联锁

按压 SB2：
- KM2 线圈获电：
  - KM2 主触点闭合，电动机反转启动
  - KM2 辅助触点闭合，实现自锁
  - KM2 辅助触点断开，实现联锁
- SB2 常闭断开，实现联锁

正转启动时，按下 SB1，其动断触点先切断 KM2 反转控制线路，经过机械延时后动合触点接通 KM1 正转控制线路，使电动机正转启动。

反转启动时，按下 SB2，其动断触点先切断 KM1 正转控制线路，KM1 主触点断开，电动机断电停转，然后其动合触点接通反转控制线路，使电动机反转启动。

知识链接　电气原理图的识读方法

为了表达生产机械电气控制系统的结构、原理等设计意图，同时也为了便于电气元件的安装、接线、运行、维护，将电气控制系统中各电气元件的连接用一定的图形符号表示出来，这种图就是电气控制系统图。

1. 电气元件布置图

1）电气元件布置图绘制原则。在一个完整的自动控制系统中，由于各种电气元件所起的作用不同，各自安装的位置也不同。因此，在进行电气元件布置图绘制之前应根据电气元件各自安装的位置划分各组件。同一组件内，电气元件的布置应满足以下原则：

（1）体积大和较重的元件应安装在电器板的下面，发热元件应安装在电器板的上面；

（2）强电与弱电分开，应注意弱电屏蔽，防止外界干扰；

（3）需要经常维护、检修、调整的电气元件安装位置不宜过高或过低；

（4）电气元件的布置应考虑整齐、美观、对称，结构和外形尺寸较类似的电气元件应安装在一起，以利于加工、安装、配线；

（5）各种电气元件的布置不宜过密，要有一定的间距。

2）各种电气元件的位置确定之后，即可以进行电气元件布置图的绘制。电气元件布置图根据电气元件的外形进行绘制，并要求标出各电气元件之间的间距尺寸。其中，每个电气元件的安装尺寸（即外形大小）及其公差范围应严格按其产品手册标准进行标注，以作为安装底板加工依据，保证各电气元件的顺利安装。

3）在电气元件的布置图中，还要根据本部件进出线的数量和采用导线的规格，选择进出线方式及适当的接线端子板或接插件，按一定顺序在电气元件布置图中标出进出线的接线号。为便于施工，在电气元件的布置图中往往还留有10%以上的备用面积及线槽位置。

2. 电气安装接线图的设计

电气安装接线图是根据电气原理图和电气元件布置图进行绘制的。按照电气元件布置最合理、连接导线最经济等原则来安排，为安装电气设备、电气元件间的配线及电气故障的检修等提供依据。

3. 电气安装接线图的绘制原则

（1）在接线图中，各电气元件的相对位置应与实际安装的相对位置一致。各电气元件按其实际外形尺寸以统一比例绘制。

（2）一个元件的所有部件画在一起，并用点画线框起来。

（3）各电气元件上凡需接线的端子均应予以编号，且与电气原理图中的导线编号必须一致。

（4）在接线图中，所有电气元件的图形符号、各接线端子的编号和文字符号必须与原理图中的一致，且符合国家的有关规定。

(5) 电气安装接线图一律采用细实线，成束的接线可用一条实线表示。接线很少时，可直接画出电气元件间的接线方式；接线很多时，接线方式用符号标注在电气元件的接线端，标明接线的线号和走向，可以不画出两个元件间的接线。

(6) 在接线图中应当标明配线用的电线型号、规格、标称截面，穿管或成束的接线还应标明穿管的种类、内径、长度等及接线根数、接线编号。

4. 电气原理图

电气原理图表示电路的工作原理、各电气元件的作用和相互关系，而不考虑电路元件的实际安装位置和实际连线情况。具体绘制原则如下。

(1) 线路分为主电路和控制电路。主电路画在左侧，用粗实线绘出；控制电路画在右侧，用细实线绘出。

(2) 同一电气元件的各导电部件（如线圈和触点）通常不画在一起，但需用同一文字符号标明；同种类电气元件，可在文字符号后面加数字序号下标表示。

(3) 所有电气元件的触点均按“平常”状态绘出，如按钮、行程开关是指没有受到外力作用时的触点状态。

(4) 主电路标号由文字符号和数字组成。如三相交流电源引入线用 L_1、L_2、L_3 标号表示，电源开关后的三相主电路分别标 U、V、W。

(5) 控制电路标号由三位或三位以下数字组成。交流控制电路一般以主要压降元件（如线圈）为分界，横排时，左侧用奇数，右侧用偶数；竖排时，上面用奇数，下面用偶数。直流控制电路中，电源正极按奇数标号，负极按偶数标号。

步骤三 电路安装

1. 电气元件明细表

电气元件明细表见表2-3。

表2-3 电气元件明细表

代号	名称	规格型号	数量	用途
QF	低压断路器	DZ47-D63/3P	1个	电源开关
FU1	熔断器	RT28-63、熔体40A	3个	主电路短路保护
FU2	熔断器	RT28-63、熔体40A	2个	控制电路短路保护
KM1	交流接触器	CJX2-0910	1个	正转控制
KM2	交流接触器	CJX2-0910	1个	反转控制
FR1	热继电器	JRS4-09/25D 15.4	1个	过载保护
SB1	急停按钮	LAY37-11ZS	1个	紧急停止M
SB2	按钮	LA19-11	1个	M正转
SB3	按钮	LA19-11	1个	M反转

（续）

代号	名称	规格型号	数量	用途
M	电机	Y132M－4 7.5kW	1 台	M 电机
XT1	接线端子	TD－1515	1 排	连接控制电路
XT2	接线端子	TD－2020	1 排	连接主电路
	线槽	30×30	1 米	布线
	导轨	U 型－35	1 米	装卡元件
	螺丝	M4×6	15 个	固定线槽、导轨

2. 元气件质量检查

使用万用表检测各元气件，并记录于表 2－4 中。

表 2－4　元器件质量检查登记表

型号：CJX2	检测项目：线圈检测		
测量位置	万用表挡位	测量值	参考值
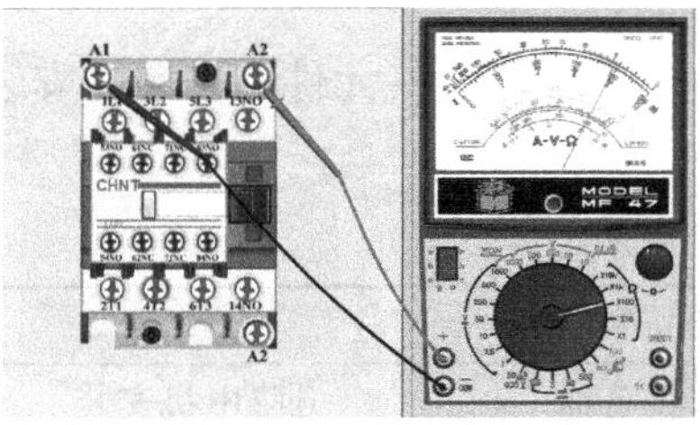	Ω 挡		1400Ω
检测项目：主触点检测			
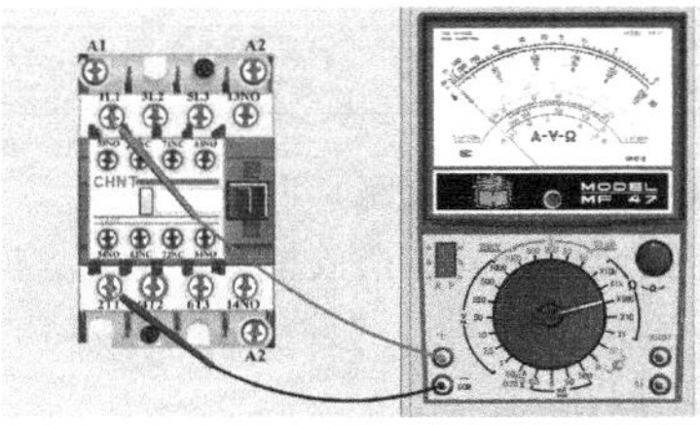	Ω 挡		1Ω
检测项目：辅助触点检测			
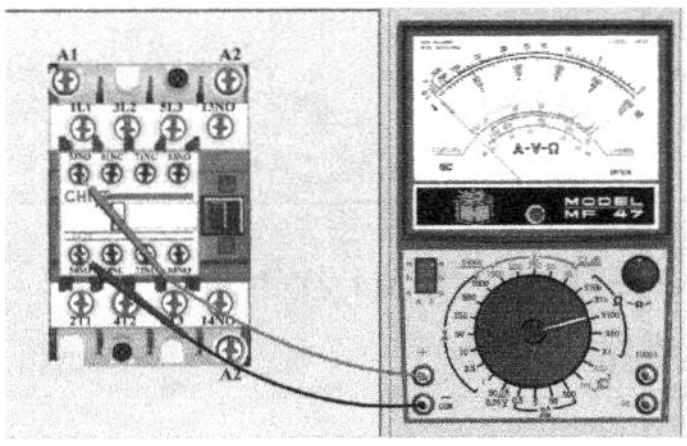	Ω 挡		1Ω

3. 安装电气元件

（1）识读电器元件布局图，如图 2－12 所示。

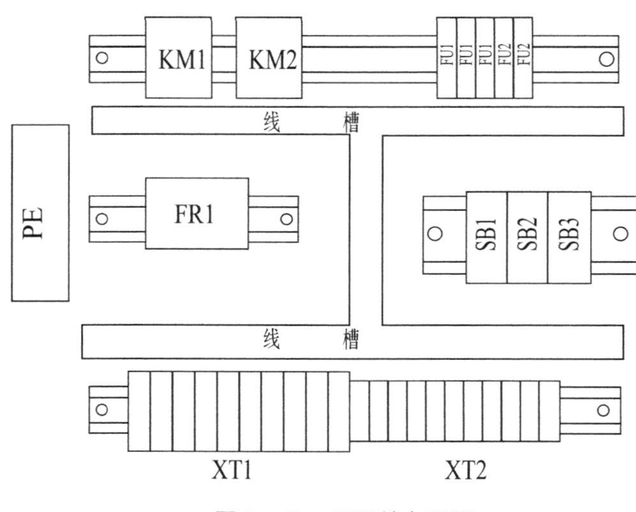

图 2－12 元器件布局图

（2）安装电气元件。按照电气元件安装工艺卡的安装流程完成电气元件的安装，安装工艺卡见表 2－5。

表 2－5 配电盘安装工艺卡

<table>
<tr><td colspan="3" rowspan="2">××××××××工艺文件</td><td>产品型号</td><td></td></tr>
<tr><td>产品名称</td><td>升降电机安装</td></tr>
<tr><td colspan="2" rowspan="2">电气装配工艺过程卡片</td><td rowspan="2">第 1 页 共 2 页</td><td>图 号</td><td></td></tr>
<tr><td>部件图号</td><td>电气元件的安装</td></tr>
<tr><td>工序号</td><td>工序名称</td><td>工序内容</td><td colspan="2">工艺要求</td></tr>
<tr><td rowspan="2">1</td><td rowspan="2">元件布局</td><td>布局线槽</td><td colspan="2" rowspan="2">1. 熔断器的电源进线端（下接线座）向上；
2. 各元件的位置应按元件布局图摆放整齐、均匀，间距合理，便于元件的更换；
3. 线槽搭接处成 45°斜角</td></tr>
<tr><td>布局电气元件</td></tr>
<tr><td>2</td><td>标记安装孔</td><td>给每个元件的安装位置做好标记</td><td colspan="2">1. 按元件安装孔标记；
2. 使用记号笔或样冲做标记</td></tr>
<tr><td rowspan="2">3</td><td rowspan="2">制作安装孔</td><td>打孔</td><td colspan="2" rowspan="2">1. 按标记用 φ3.2 钻头打孔，用 M4 丝锥攻丝；
2. 攻丝时注意区分头锥和二锥</td></tr>
<tr><td>攻丝</td></tr>
</table>

（续）

<table>
<tr><td colspan="5" rowspan="2">×××××××××工艺文件</td><td>产品型号</td><td></td></tr>
<tr><td>产品名称</td><td>升降电机安装</td></tr>
<tr><td colspan="3" rowspan="2">电气装配工艺过程卡片</td><td rowspan="2">第 1 页</td><td rowspan="2">共 2 页</td><td>图　号</td><td></td></tr>
<tr><td>部件图号</td><td>电气元件的安装</td></tr>
<tr><td>工序号</td><td>工序名称</td><td colspan="2">工序内容</td><td colspan="3">工艺要求</td></tr>
<tr><td rowspan="4">4</td><td rowspan="4">元件安装</td><td colspan="2">安装导轨、线槽</td><td colspan="3" rowspan="4">1. 先安装导轨、线槽，再安装元件；
2. 紧固导轨、线槽及各元件时，用力要均匀，紧固程度适当；
3. 紧固热继电器等易碎元件时，应按对角线轮流进行</td></tr>
<tr><td colspan="2">安装熔断器、接触器、热继电器</td></tr>
<tr><td colspan="2">安装按钮</td></tr>
<tr><td colspan="2">安装接线端子排、接地端子排</td></tr>
<tr><td>5</td><td>贴标</td><td colspan="2">粘贴元件符号标签</td><td colspan="3">1. 在元件上或安装位置附近粘贴与接线图对应的表示该元件的符号标签；
2. 标签采用电脑印字机打印或手写</td></tr>
<tr><td colspan="2">工具</td><td colspan="5">钢锯、钢板尺、木榔头、样冲、手电钻、丝锥扳手、螺丝刀</td></tr>
<tr><td colspan="2">辅料</td><td colspan="5">锯条、记号笔、φ3.2 钻头、M4 丝锥、M4 螺丝、带胶标签</td></tr>
</table>

4. 电气线路安装

（1）识读接线图，如图 2－13 所示。

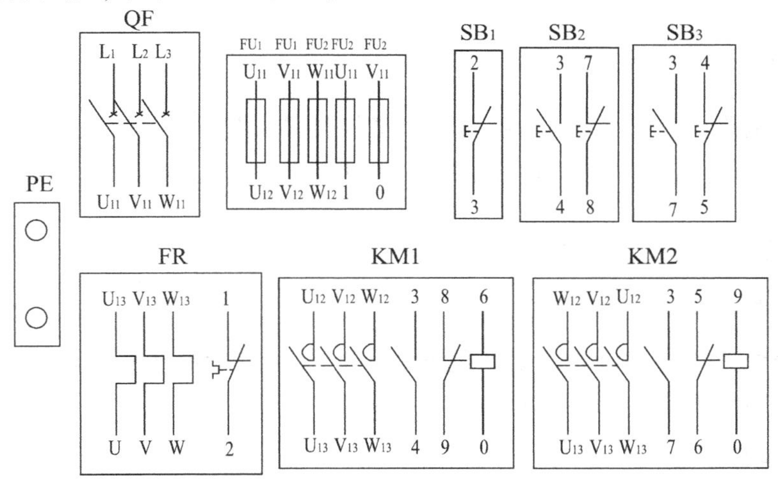

图 2－13　电气线路接线图

（2）安装电气主回路、控制线路。按照图 2－13 所示接线图进行导线布线，并套上已编制线号的异形管。按照表 2－6 的电气线路安装工艺卡，完成线路的安装。

表 2－6 电气线路安装工艺卡

<table>
<tr><td colspan="5" rowspan="2">×××××××工艺文件</td><td>产品型号</td><td></td></tr>
<tr><td>产品名称</td><td>升降电机安装</td></tr>
<tr><td colspan="3" rowspan="2">电气装配工艺过程卡片</td><td rowspan="2">第 2 页</td><td rowspan="2">共 2 页</td><td>图　号</td><td></td></tr>
<tr><td>部件图号</td><td>电气线路的安装</td></tr>
<tr><td>工序号</td><td>工序名称</td><td colspan="2">工序内容</td><td colspan="3">工艺要求</td></tr>
<tr><td>1</td><td>放线</td><td colspan="2">根据配线图放线</td><td colspan="3" rowspan="6">1. 连线时应注意导线的颜色、线径；
2. 颜色一般是动力线用黑色，交流火线用红色，零线用白色，接地线用黄绿色；
3. 动力线的线径按电动机额定电流选择，参照接线图中标注的线径连接即可；
4. 控制线的线径根据控制电路的额定电流选择，参照接线图中标注的线径连接即可；
5. 剥线长度为 5～7mm；
6. 导线要先套已编制线号的异形管，再压接 U 形冷压端子；
7. 电气元件的接线柱螺丝应拧紧，防止导线脱落；
8. 线槽外的导线要用绕线管防护，在电气线路沿线粘贴吸盘，把导线用扎带捆扎在吸盘上；
9. 电机外壳、变压器等电气元件应可靠连接到接地端子排上；
10. 做好安装过程记录</td></tr>
<tr><td>2</td><td>套异形管</td><td colspan="2">各线头套异形编号管</td></tr>
<tr><td>3</td><td>写线号</td><td colspan="2">根据接线图编写线号</td></tr>
<tr><td>4</td><td>压冷压端子</td><td colspan="2">各接头套冷压端子，用冷压钳压接</td></tr>
<tr><td>5</td><td>接线</td><td colspan="2">各接头按接线图接到电器元件端子上</td></tr>
<tr><td>6</td><td>整理线路</td><td colspan="2">缠绕线管、粘吸盘、固定导线</td></tr>
<tr><td colspan="2">工具</td><td colspan="5">剥线钳、冷压钳、螺丝刀</td></tr>
<tr><td colspan="2">辅料</td><td colspan="5">记号笔、异形管、冷压端子、绕线管、吸盘、轧带</td></tr>
</table>

步骤四 电路检测

1. 检查流程

为了确保电路正常工作，当电路第一次安装调试或者第一次通电运行前都要进行检查。通电前检查的内容、方法与要求如图 2－14 所示。

2. 主回路、控制回路检测

1）主回路检测

万用表挡位选择 R×10k 挡，将表笔分别搭在 U11、U 号接线端子上，读数为 1，用手动代替接触器通电接通，读数为 003Ω。

其余主回路可按此方法检查。

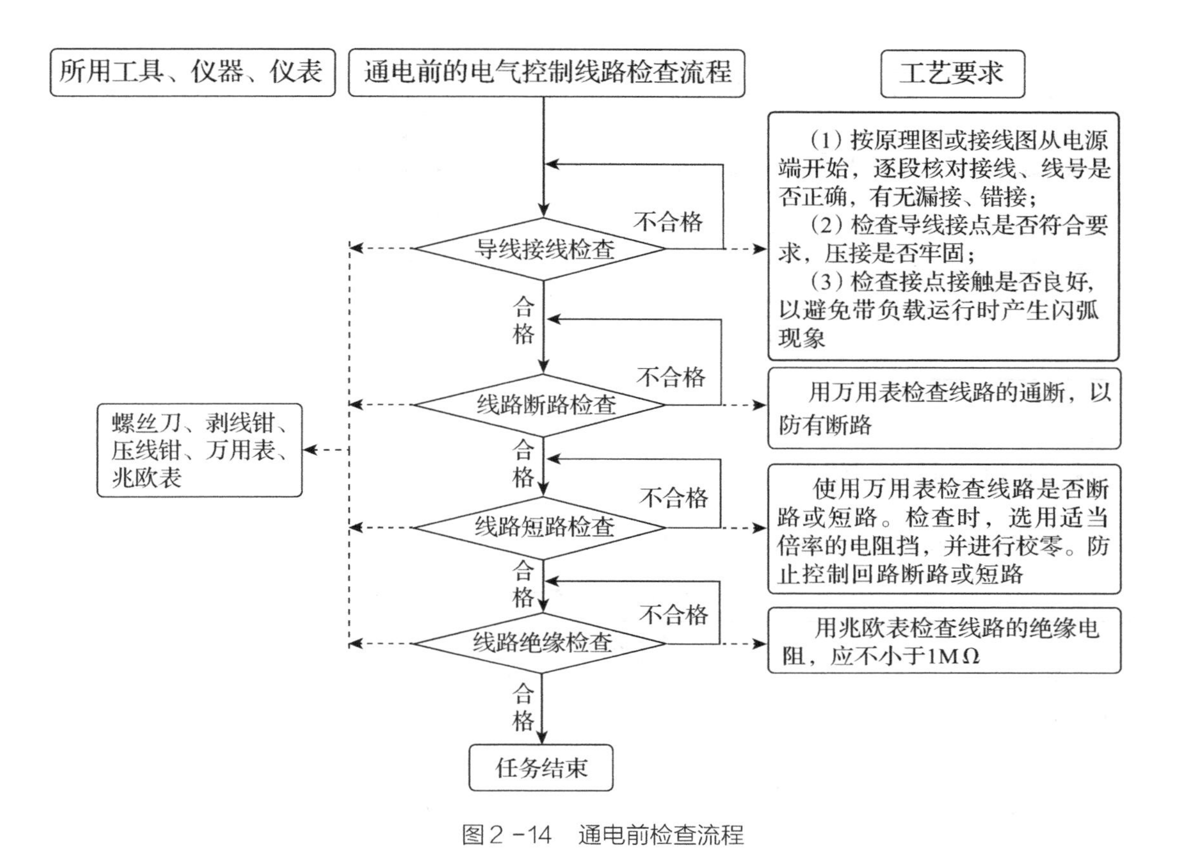

图2－14　通电前检查流程

2）控制回路检测

万用表挡位选择 R×10k 挡，将表笔分别搭在 0、1 号端子上，读数为 1，按下 SB2 时，读数为 KM1 线圈的电阻值。

其余控制回路可按此方法检查。

3. 验收记录表

验收记录表见表 2－7。

表2－7　验收记录表

设备名称		**设备型号**	
项目	序号	检查内容	检查结果
通电前准备	1	所有开关处于断开状态	
	2	检测所有元件是否符合设计要求	
	3	连接设备电源后检查电压值应在 380V ±10%	

（续）

项目	序号	操作内容	检查内容	检查结果
功能验收	1	按下 SB2	电机正转	
	2	按下 SB3	电机反转	
	3	按下 SB1	电机停止	
操作人（签字）： 年 月 日			检查人（签字）： 年 月 日	

过程考核评价

升降机控制电路安装与调试过程考核评价表见表 2－8。

表 2－8　升降机控制电路安装与调试过程考核评价表

项目一　升降机控制电路安装与调试					
学员姓名		学号		班级	日期
项目	考核项目	考核要求	配分	评分标准	得分
知识目标	元件的识别与选用	学会项目中元件的识别与选取方法	20	项目中的元件识别、质量判别方法或基本特性，错误一项，每个元件扣 2 分	
知识目标	电路结构及工作原理分析	1. 能理解电路的工作原理； 2. 熟悉电路的结构组成	10	电路工作原理叙述不清楚扣 5 分	
能力目标	装配	1. 能正确使用电工装接工具； 2. 导线连接光滑、稳固； 3. 端口与导线连接符合安装工艺要求； 4. 元件插装高度尺寸、标志方向符合规定工艺要求，无错装、漏装现象； 5. 敷线平直、合理	30	1. 常用电工工具使用不正确，每错误一项扣 5 分； 2. 导线连接不光滑、不稳固，有毛刺，不符合工艺要求，每错误一处扣 5 分； 3. 元件插装不符合工艺要求，每错误一项扣 2 分； 4. 导线与端口连接处不符合要求，每错误一处扣 2 分	
能力目标	调试	1. 能正确进行故障排除； 2. 能正确进行电路调试； 3. 能正确进行电路相关参数的测量	20	1. 不会使用仪器仪表按项目的要求进行电路调试扣 5 分； 2. 不能正确地进行电路相关参数的测量扣 5 分； 3. 不能正确地进行故障排查扣 10 分	

（续）

<table>
<tr><th colspan="8">项目一　升降机控制电路安装与调试</th></tr>
<tr><td colspan="2">学员姓名</td><td>学号</td><td></td><td>班级</td><td colspan="2"></td><td>日期</td></tr>
<tr><td>项目</td><td>考核项目</td><td colspan="2">考核要求</td><td>配分</td><td colspan="2">评分标准</td><td>得分</td></tr>
<tr><td rowspan="2">方法及社会能力</td><td>过程方法</td><td colspan="2">1. 学会自主发现、自主探索的学习方法；
2. 学会在学习中反思、总结，调整自己的学习目标，在更高水平上获得发展</td><td>10</td><td colspan="2">在工作中反思，有创新见解和自主发现、自主探索的学习方法，酌情给 5～10 分</td><td></td></tr>
<tr><td>社会能力</td><td colspan="2">小组成员间团结、协作，共同完成工作任务，养成良好的职业素养（工位卫生、工服穿戴等）</td><td>10</td><td colspan="2">1. 工作服穿戴不全扣 3 分；
2. 工位卫生情况差扣 3 分</td><td></td></tr>
<tr><td colspan="2">实训总结</td><td colspan="6">你完成本次工作任务的体会（学到哪些知识，掌握哪些技能，有哪些收获）：</td></tr>
<tr><td colspan="2">得分</td><td colspan="6"></td></tr>
</table>

工作小结

项目二　水泵启动电路安装与调试

任务描述

现有一台水泵控制箱，因为电气线路老化的原因，水泵不能正常运行，已经影响了正常的使用，因此企业给我们提供了水泵控制电路原理图、电气接线图、电气元件布置图和元件清单等相关技术文件，由我们来安排电气控制线路的安装流程，并填写电气控制线路安装工艺卡，按照电气控制线路安装规程完成电气线路的安装。线路安装完成，学员完成对线路的自检后，由专业师傅进行线路检查、通电调试、功能验收，合格后交付车间负责人。工作时间为32h，工作过程需按“6S”现场管理标准进行。

接受任务

派工单见表2－9。

表2－9　派工单

工作地点	电器装配车间	工 时	32	任务接受人	
派工人		派工时间		完成时间	
技术标准	GB/T 16895. 20—2017 《低压电气装置第5－55部分：电气设备的选择和安装 其他设备》				
工作内容	根据提供的资料，完成水泵控制电路装调工作，验收合格后交付生产部负责人				
其他附件	1. 电路原理图1张； 2. 电气元件明细表； 3. 电气元件布置图； 4. 电工工具				
任务要求	1. 工时：32h； 2. 工作现场管理按“6S”标准执行				
验收结果	操作者自检结果： □合格　□不合格 签名： 年　月　日		检验员检验结果： □合格　□不合格 签名： 年　月　日		

任务实施

◆ 让我们按下面的步骤进行本项目的实施操作吧！◆

知识储备　三相异步电动机

一、分类

电动机的种类很多，可以有多种不同的分类方法。按电流的性质分，有直流电动机和交流电动机两大类。交流电动机可分为同步电动机和异步电动机，其中异步电动机又称为感应电动机，根据其结构的不同又分为笼型和绕线型；根据其所接电源相数的不同，还可分为单相电动机和三相电动机。

由于异步电动机具有结构简单、运行可靠、维护方便、坚固耐用、价格便宜，并且可以直接接于交流电源等一系列优点，因此在各行各业的应用极为广泛。虽然其功率因数较低、调速性能较差，但大多数生产机械对调速性能要求不高，而功率因数又可采用适当的方法予以补偿。

二、基本结构

三相异步电动机主要由定子和转子两大部分组成。定子和转子之间有一个很小的空气间隙。另外，还有机座、端盖、风扇等部件。

常用的三相异步电动机的外形及其零部件如图 2－15 所示。

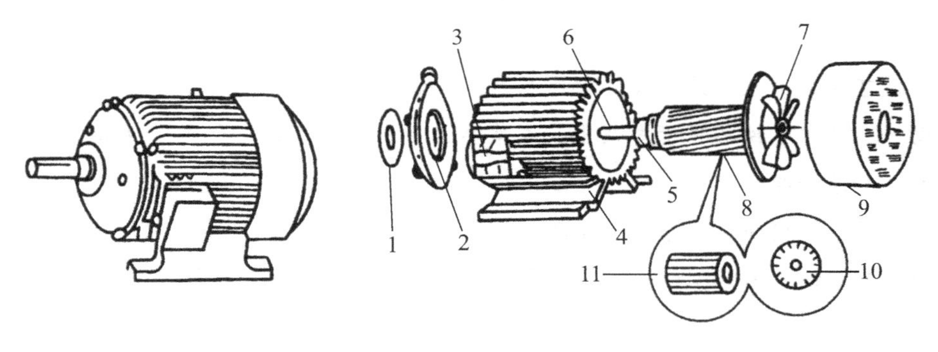

（a）外形图　　（b）结构部件图

图2－15　三相异步电动机的结构

1—轴承盖；2—端盖；3—接线盒；4—机座；5—轴承；6—转子轴；7—风扇；8—转子；9—风扇罩壳；10—转子铁芯；11—笼型绕组

1. 定子部分

定子由定子铁芯、定子绕组和机座三部分组成。

定子铁芯是电动机磁路的一部分，由0.35～0.5mm厚的硅钢片叠成，片间有绝缘，以减少涡流损耗。定子铁芯的内绝缘开有凹槽，以嵌放定子绕组。较大容量的电动机，其定子铁芯沿轴向分段，段和段之间设有径向通风沟，以利于铁芯的散热。

定子绕组是电动机的电路部分，由绝缘的漆包线或丝包线（圆线或扁线）绕制，并嵌放于定子铁芯的凹槽内，以槽楔固定。绕组间以一定规律连接，并构成三相绕组。三相的引出线分别用 U_1、U_2、V_1、V_2、W_1、W_2 来标注，下角注1、2分别为各相的首、末端。这六根引线引至接线板上，根据使用需要，通过联接片可将三相绕组作“Y”形或“△”形连接，如图2－16所示。

机座是用来固定并保护定子铁芯和定子绕组、安装端盖、支承转子及其他零部件的固定部分。另外，机座还能起到热量传导和散发热能的作用。它一般由具有足够强度和刚度的铸铁制造。

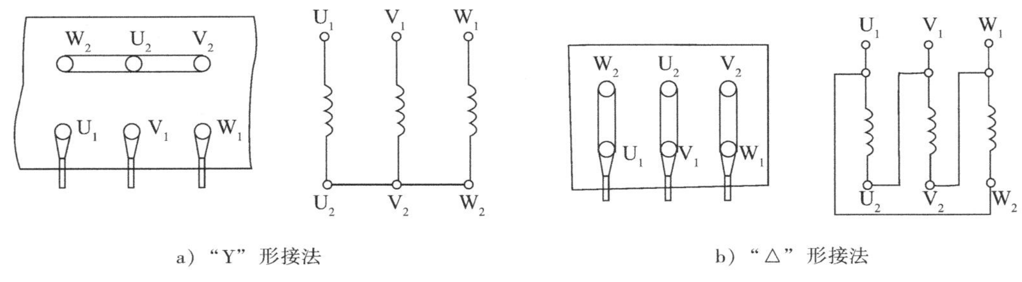

a）“Y”形接法　　b）“△”形接法

图2－16　三相绕组引出线接法

2. 转子部分

三相异步电动机的转子有笼型和绕线型两种形式，它们都是由转子铁芯、转子绕组和转轴三部分组成。

转子铁芯也是由硅钢片叠成，它是电动机磁路的一部分。转子铁芯压装在转轴上。较大的电动机，其转子铁芯压于支架上，支架再装于转轴上。转子铁芯的外缘开有转子槽，在槽内嵌放转子绕组。

笼型转子在槽内嵌放裸导体，其两端分别焊接在两个铜环上（即端环），这种转子绕组形状似鼠笼，故称为笼型转子。中、小容量异步电动机的转子一般用熔化的铝铸满转子槽，同时铸出端环和风扇叶片。绕线型转子绕组和定子绕组一样，三相绕组嵌放在槽内，接成“Y”形。三条引出线分别接至非轴伸端相互绝缘的三个滑环上，可以通过电刷将转子各相绕组与外接启动或调速电阻相连接，如图2－17所示。中等容量以上的绕线型电动机还装有提刷装置。当电动机启动完毕而又不需调速时，可扳动手柄将电刷提起，并将三个滑环短路，以减少摩擦损耗和电刷的磨损。

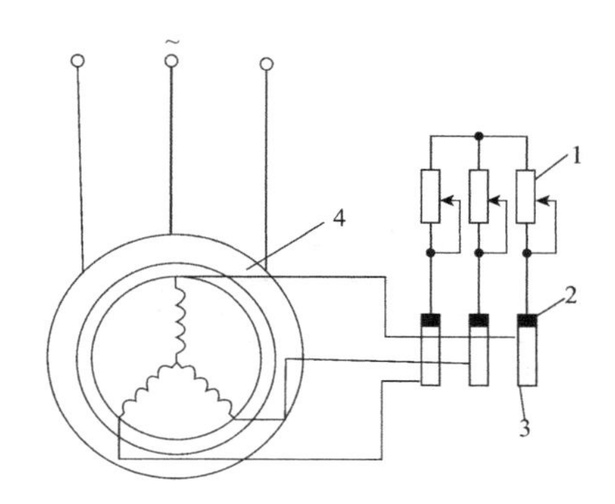

图2－17　三相绕线型异步电动机转子串接电阻

1—外接可变电阻；2—电刷；3—滑环；4—绕组式异步电动机

转轴是由一定强度和刚度的型钢加工而成的，其作用是支承转子铁芯并传递转矩。

3. 端盖及其他附件

在中、小型异步电动机中，有铸铁制成的端盖，内装滚珠或滚柱轴承，用于支承转子，并保证定子与转子间有均匀的气隙。为了减少电机磁路的磁阻，从而减少励磁电流，提高功率因数，应使气隙尽可能小，但也不能太小。对于中、小型异步电动机来说，其间隙一般为0.2～2mm。

为使轴承中的润滑脂不外溢和不受污染，在前后轴承处均设有内外轴承盖。

封闭式电动机后端盖外还装有风扇和外风罩。当风扇随转子旋转时，风从风罩上的进风孔进入，再经散热片吹出，以加强冷却作用。

步骤一　安装前准备

1. 原理图分析

原理图如图2－18所示。

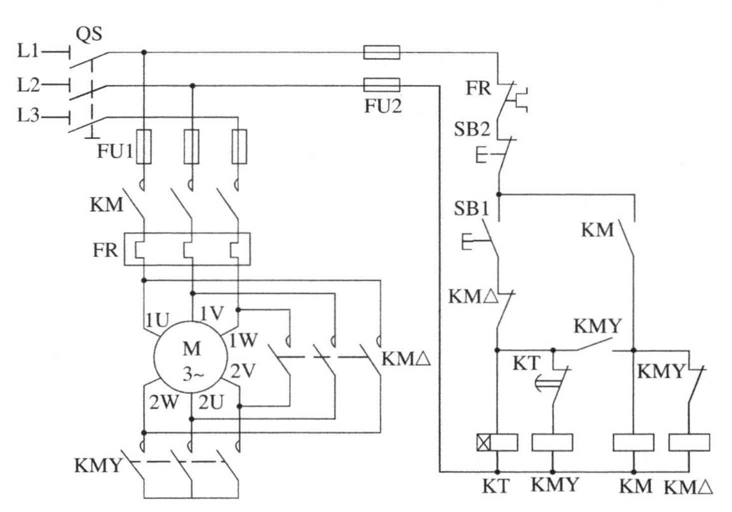

图2－18　Y－△降压启动原理图

2. 电气元件

根据原理图中的元件，认真填写表2－10。

表2－10 电气元件清单

序号	元件名称	图形符号	规格型号	数量	备注
1	时间继电器	KT	JSZ3Y	1个	
2					
3					
4					
5					
6					
7					
8					

知识链接 时间继电器

时间继电器是利用电磁原理或机械动作原理来实现触头延时闭合或分断的自动控制电器。它从得到动作信号到触头动作有一定的延时，用于需按时间顺序进行自动控制的电气线路中。

时间继电器根据原理分类，有电磁式、电动式、空气阻尼式（常用）、晶体管式（常用）等；根据触头延时特点分类，有通电延时动作型和断电延时复位型两种。

1. JS7－A系列空气阻尼式时间继电器

1）结构和原理

空气阻尼式时间继电器又称气囊式时间继电器，由电磁系统、延时机构和触头系统三部分组成，如图2－19所示。

（1）电磁系统，采用直动式双E形电磁铁。

（2）延时机构，采用气囊式阻尼器。

(3) 触头系统，采用LX5型微动开关，有两对瞬时触头（1常开1常闭）和两对延时触头（1常开1常闭）。

JS7－A系列断电延时型和通电延时型的组成元件是通用的，反转180°安装即可。

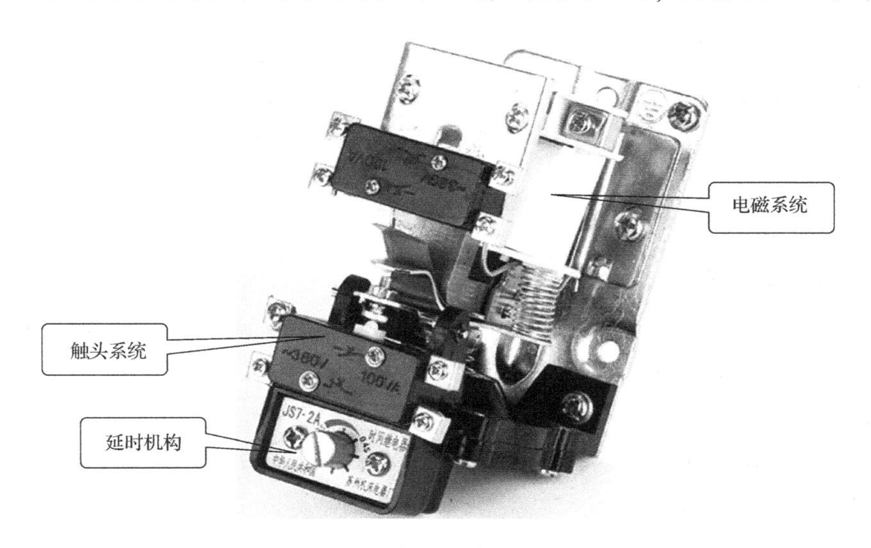

图2－19　空气阻尼式时间继电器结构

2）图形符号

时间继电器图形符号如图2－20所示。

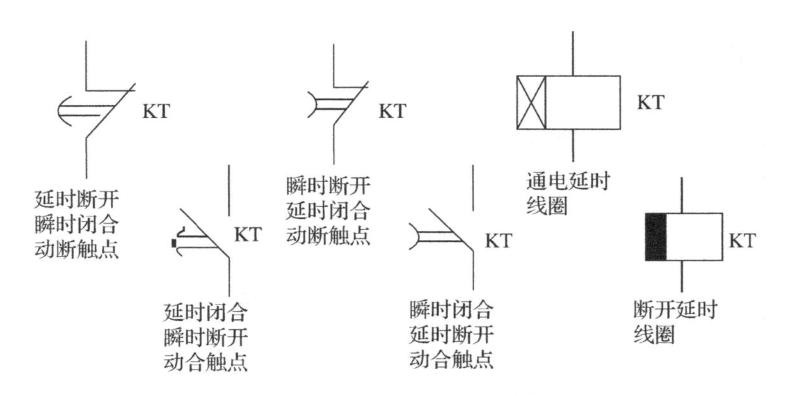

图2－20　时间继电器图形符号

3）型号含义

时间继电器型号含义如图2－21所示。

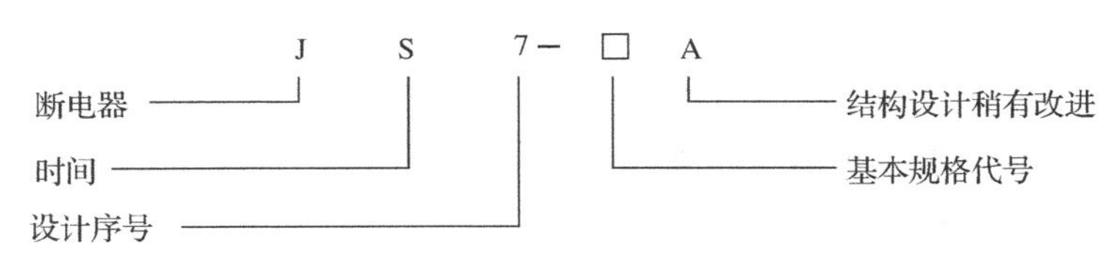

图2－21　型号含义

2. JS20 系列晶体管式时间继电器

晶体管式时间继电器也称半导体或电子式时间继电器。其具有机械结构简单、延时范围宽、整定精度高、体积小、耐冲击、耐振动、消耗功率小、调整方便及寿命长等优点，并广泛应用于电气控制电路中。

图2－15 晶体管式时间继电器结构

1）分类

（1）按结构分为阻容式和数字式。

（2）按延时方式分为通电延时型、断电延时型及带瞬动触点的通电延时型。

2）适用范围

交流50Hz、电压380V及以下或直流电压220V及以下的控制电路中作延时元件按预定的时间接通或分断电路。

3）结构

晶体管式时间继电器由保护外壳、印刷电路组件等组成，安装和接线采用专用插接座，下标牌作接线指示，上标牌有发光二极管作动作指示，如图2－15所示。

4）型号含义

型号含义如图2－23所示。

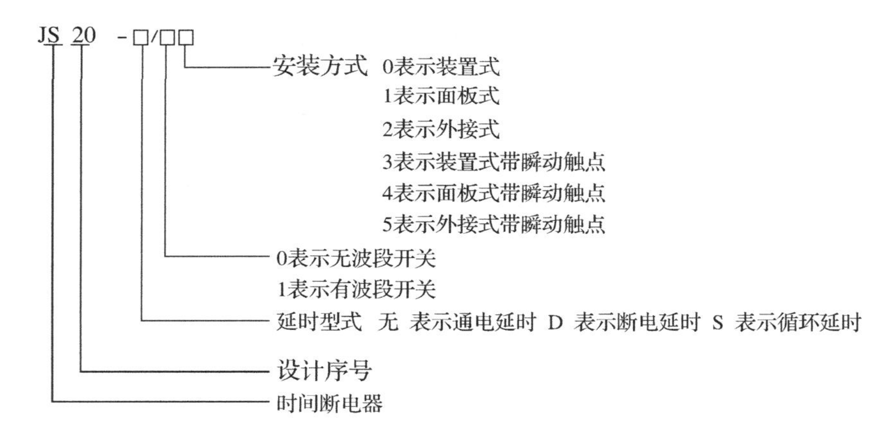

图2－23 型号含义

3. 选用

（1）根据系统的延时范围和精度选类型和系列：

① 精度不高选 JS7－A；

② 精度高选晶体管式。

（2）根据控制线路的要求选延时方式（通电或断电延时）。

（3）根据控制线路电压选线圈的电压。

3. 原理分析

由机床电气控制原理图可知，当主电路中接触器 KM、KMY 主触点同时闭合时，电动机定子绕组接成 Y 形，降压启动。

当主电路中接触器 KMY 主触点断开，KM△和 KM 主触点同时闭合，电动机定子绕组接成△形，全压运转。

降压启动：合上电源开关 QS，按下 SB1

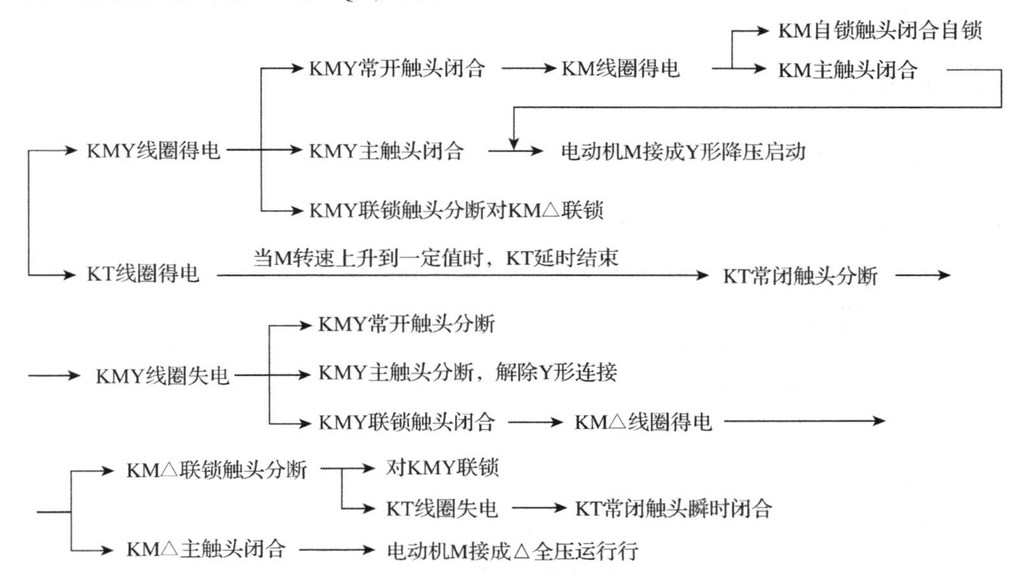

停止时，按下 SB2 即可。

知识链接

1. 降压启动的概念

降压启动即利用启动设备先将电压适当降低后，再加到电动机的定子绕组上，以限制启动电流。当电动机启动后，再将电压恢复到额定值，使电动机在正常电压下运行。

2. 降压启动的特点

由于电动机的转矩与电压成正比，所以降压启动将使启动转矩大大降低，故降压启动仅适用于空载或轻载下启动。

3. 降压启动的方法

（1）在定子绕组中串联电阻。

(2) 星形 Y 连接 — 三角形△换接。

(3) 自耦变压器降压。

(4) 延边三角形启动。

4. 降压启动的意义

由于电动机在启动过程中启动电流大，一般为额定电流的 4 ~7 倍；较大容量的电动机的启动电流会引起车间电网电压的很大波动，致使电网电压下降，启动转矩减小，将影响电网中其他电气设备的正常工作。在电源容量较大（180kV · A 以上)、电动机容量较小（7kW 以下）时，允许用直接全压启动，而电源容量小（小于 180kV · A)、电动机容量较大（大于 7kW）时，采用降压启动。

步骤二 电路安装

1. 元件质量检查

使用万用表检测各元件，并记录于表 2 -11 中。

表 2 -11 元器件质量检查登记表

型号：CJX2	检测项目：线圈检测		
测量位置	万用表挡位	测量值	参考值
	Ω 挡		1400Ω
检测项目：主触点检测			
	Ω 挡		1Ω
检测项目：辅助触点检测			
	Ω 挡		1Ω

2. 安装电气元件

(1) 识读电气元件布局图，如图 2 -24 所示。

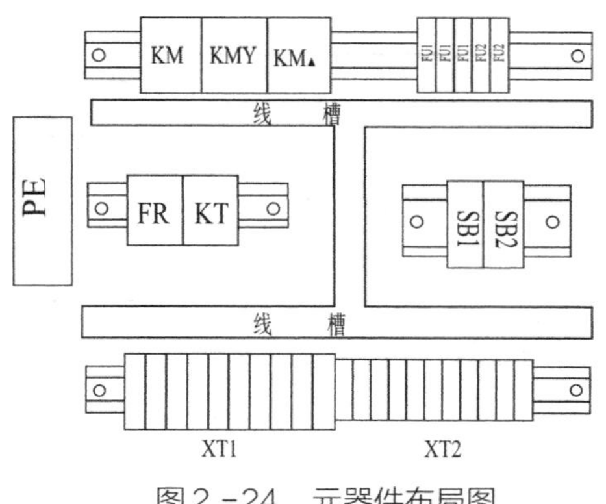

图2－24　元器件布局图

（2）安装电气元件。按照电气元件安装工艺卡的安装流程完成电气元件的安装，安装工艺卡见表2－12。

表2－12　配电盘安装工艺卡

<table>
<tr><td colspan="4" rowspan="2">×××××××工艺文件</td><td>产品型号</td><td></td></tr>
<tr><td>产品名称</td><td>水泵启动电路安装</td></tr>
<tr><td colspan="2" rowspan="2">电气装配工艺过程卡片</td><td rowspan="2">第 1 页</td><td rowspan="2">共 2 页</td><td>图　号</td><td></td></tr>
<tr><td>部件图号</td><td>电气元件的安装</td></tr>
<tr><td>工序号</td><td>工序名称</td><td>工序内容</td><td colspan="3">工艺要求</td></tr>
<tr><td rowspan="2">1</td><td rowspan="2">元件布局</td><td>布局线槽</td><td colspan="3" rowspan="2">1. 熔断器的电源进线端（下接线座）向上；
2. 各元件的位置应按元件布局图摆放整齐、均匀，间距合理，便于元件的更换；
3. 线槽搭接处成45°斜角</td></tr>
<tr><td>布局电气元件</td></tr>
<tr><td>2</td><td>标记安装孔</td><td>给每个元件的安装位置做好标记</td><td colspan="3">1. 按元件安装孔标记；
2. 使用记号笔或样冲做标记</td></tr>
<tr><td rowspan="2">3</td><td rowspan="2">制作安装孔</td><td>打孔</td><td colspan="3" rowspan="2">1. 按标记用 φ3.2 钻头打孔、用 M4 丝锥攻丝；
2. 攻丝时注意区分头锥和二锥</td></tr>
<tr><td>攻丝</td></tr>
<tr><td rowspan="4">4</td><td rowspan="4">元件安装</td><td>安装导轨、线槽</td><td colspan="3" rowspan="4">1. 先安装导轨、线槽，再安装元件；
2. 紧固导轨、线槽及各元件时，用力要均匀，紧固程度适当；
3. 紧固热继电器等易碎元件时，应按对角线轮流进行；
4. 先安装时间继电器底座，接线完成后再放置元件</td></tr>
<tr><td>安装熔断器、接触器、热继电器、时间继电器</td></tr>
<tr><td>安装按钮</td></tr>
<tr><td>安装接线端子排、接地端子排</td></tr>
</table>

（续）

××××××× 工艺文件				产品型号	
				产品名称	水泵启动电路安装
电气装配工艺过程卡片		第 1 页	共 2 页	图　号	
				部件图号	电气元件的安装
工序号	工序名称	工序内容	工艺要求		
5	贴标	粘贴元件符号标签	1. 在元件上或安装位置附近粘贴与接线图对应的表示该元件的符号标签； 2. 标签采用电脑印字机打印或手写		
工具		钢锯、钢板尺、木榔头、样冲、手电钻、丝锥扳手、螺丝刀			
辅料		锯条、记号笔、φ3.2 钻头、M4 丝锥、M4 螺丝、带胶标签			

3. 电气线路安装

（1）根据原理图，独自在图 2－25 中绘出此线路的接线路。

图2－25　电气线路接线图

（2）安装电气主回路、控制线路。按照图 2－25 所示接线图进行导线布线，并套上已编制线号的异形管。按照表 2－13 的电气线路安装工艺卡，完成线路的安装。

表 2－13　电气线路安装工艺卡

<table>
<tr><td colspan="5" rowspan="2">×××××××工艺文件</td><td>产品型号</td><td></td></tr>
<tr><td>产品名称</td><td>水泵启动电路安装</td></tr>
<tr><td colspan="3" rowspan="2">电气装配工艺过程卡片</td><td rowspan="2">第 2 页</td><td rowspan="2">共 2 页</td><td>图　号</td><td></td></tr>
<tr><td>部件图号</td><td>电气线路的安装</td></tr>
<tr><td>工序号</td><td>工序名称</td><td colspan="2">工序内容</td><td colspan="3">工艺要求</td></tr>
<tr><td>1</td><td>放线</td><td colspan="2">根据配线图放线</td><td colspan="3" rowspan="6">1. 连线时应注意导线的颜色、线径；
2. 颜色一般为动力线用黑色，交流火线用红色，零线用白色，接地线用黄绿色；
3. 动力线的线径按电动机额定电流选择，参照接线图中标注的线径连接即可；
4. 控制线的线径根据控制电路的额定电流选择，参照接线图中标注的线径连接即可；
5. 剥线长度为 5～7mm；
6. 导线要先套已编制线号的异型管，再压接 U 形冷压端子；
7. 电气元件的接线柱螺丝应拧紧，防止导线脱落；
8. 线槽外的导线要用绕线管防护，在电气线路沿线粘贴吸盘，把导线用扎带捆扎在吸盘上；
9. 电机外壳、变压器等电气元件应可靠连接到接地端子排上；
10. 做好安装过程记录</td></tr>
<tr><td>2</td><td>套异形管</td><td colspan="2">各线头套异形编号管</td></tr>
<tr><td>3</td><td>写线号</td><td colspan="2">根据接线图编写线号</td></tr>
<tr><td>4</td><td>压冷压端子</td><td colspan="2">各接头套冷压端子，用冷压钳压接</td></tr>
<tr><td>5</td><td>接线</td><td colspan="2">各接头按接线图接到电气元件端子上</td></tr>
<tr><td>6</td><td>整理线路</td><td colspan="2">缠绕线管、粘吸盘、固定导线</td></tr>
<tr><td colspan="2">工具</td><td colspan="5">剥线钳、冷压钳、螺丝刀</td></tr>
<tr><td colspan="2">辅料</td><td colspan="5">记号笔、异形管、冷压端子、绕线管、吸盘、轧带</td></tr>
</table>

步骤三　电路检测

1. 检查流程

为了确保电路正常工作，当电路第一次安装调试或者第一次通电运行前都要进行检查。通电前检查的内容、方法与要求如图 2－26 所示。

2. 主回路、控制回路检测

1）主回路检测

万用表挡位选择 R×10k 挡，将表笔分别搭在 U11、U 号接线端子上，读数为 1，用手动代替接触器通电接通，读数为 003Ω。

其余主回路可按此方法检查。

2）控制回路检测

万用表挡位选择 R×10k 挡，将表笔分别搭在 0、1 号端子上，读数为 1，按下 SB2

时，读数为 KM1 线圈的电阻值。

其余控制回路可按此方法检查。

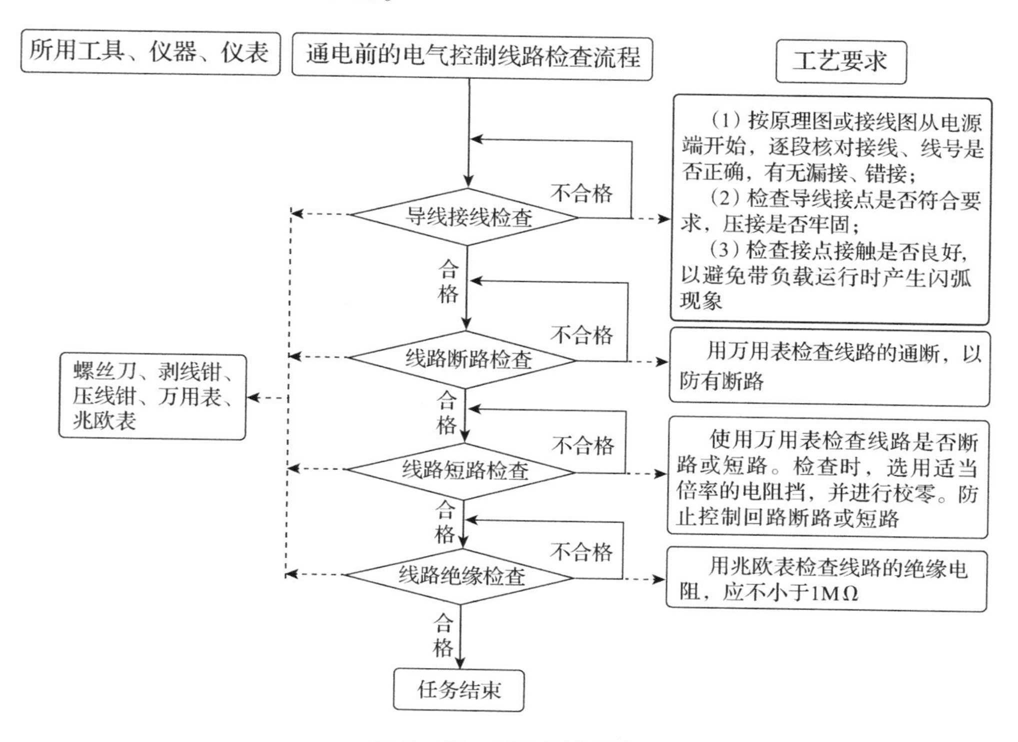

图2-26 通电前检查流程

3. 验收记录表

验收记录表见表 2-14。

表2-14 验收记录表

设备名称			设备型号	
项目	序号	检查内容		检查结果
通电前准备	1	所有开关处于断开状态		
	2	检测所有元件是否符合设计要求		
	3	连接设备电源后检查电压值应在 380V ±10%		
项目	序号	操作内容	检查内容	检查结果
功能验收	1	按下 SB1		电机启动
	2	按下 SB2		电机停止
操作人（签字）： 年 月 日			检查人（签字）： 年 月 日	

过程考核评价

水泵启动电路安装与调试过程考核评价见表2－15。

表2－15　水泵启动电路安装与调试过程考核评价表

<table>
<tr><th colspan="8">项目二　水泵启动电路安装与调试</th></tr>
<tr><td colspan="2">学员姓名</td><td>学号</td><td></td><td>班级</td><td></td><td>日期</td><td></td></tr>
<tr><td>项目</td><td>考核项目</td><td colspan="2">考核要求</td><td>配分</td><td colspan="2">评分标准</td><td>得分</td></tr>
<tr><td rowspan="2">知识目标</td><td>元件的识别与选用</td><td colspan="2">学会项目中元件的识别与选取方法。</td><td>20</td><td colspan="2">项目中的元件识别、质量判别方法或基本特性，错误一项，每个元件扣2分</td><td></td></tr>
<tr><td>电路结构及工作原理分析</td><td colspan="2">1. 能理解电路的工作原理；
2. 熟悉电路的结构组成</td><td>10</td><td colspan="2">电路工作原理叙述不清楚扣5分</td><td></td></tr>
<tr><td>能力目标</td><td>装配</td><td colspan="2">1. 能正确使用电工装接工具；
2. 导线连接光滑、稳固；
3. 端口与导线连接符合安装工艺要求；
4. 元件插装高度尺寸、标志方向符合规定工艺要求，无错装、漏装现象；
5. 敷线平直、合理</td><td>30</td><td colspan="2">1. 常用电工工具使用不正确，每错误一项扣5分；
2. 导线连接不光滑、不稳固，有毛刺，不符合工艺要求，每错误一处扣5分；
3. 元件插装不符合工艺要求，每错误一项扣2分；
4. 导线与端口连接处不符合要求，每错误一处扣2分</td><td></td></tr>
<tr><td>能力目标</td><td>调试</td><td colspan="2">1. 能正确进行故障排除；
2. 能正确进行电路调试；
3. 能正确进行电路相关参数的测量</td><td>20</td><td colspan="2">1. 不会使用仪器仪表按项目的要求进行电路调试扣5分；
2. 不能正确地进行电路相关参数的测量扣5分；
3. 不能正确地进行故障排查扣10分</td><td></td></tr>
<tr><td rowspan="2">方法及社会能力</td><td>过程方法</td><td colspan="2">1. 学会自主发现、自主探索的学习方法；
2. 学会在学习中反思、总结，调整自己的学习目标，在更高水平上获得发展</td><td>10</td><td colspan="2">在工作中反思，有创新见解和自主发现、自主探索的学习方法，酌情给5～10分</td><td></td></tr>
<tr><td>社会能力</td><td colspan="2">小组成员间团结、协作，共同完成工作任务，养成良好的职业素养（工位卫生、工服穿戴等）</td><td>10</td><td colspan="2">1. 工作服穿戴不全扣3分；
2. 工位卫生情况差扣3分</td><td></td></tr>
</table>

（续）

项目二　升降机控制电路安装与调试								
学员姓名		学号		班级		日期		
项目	考核项目	考核要求		配分	评分标准			得分
实训总结		你完成本次工作任务的体会（学到哪些知识，掌握哪些技能，有哪些收获）：						
得分								

工作小结

学习任务三

基本电子电路装调与维修

01

电子技术是19世纪末、20世纪初开始发展起来的新兴技术，20世纪发展最迅速，应用最广泛，成为近代科学技术发展的一个重要标志。

进入21世纪，人们面临的是以微电子技术（以半导体和集成电路为代表）电子计算机和因特网为标志的信息社会，高科技的广泛应用使社会生产力和经济获得了空前的发展，见图1、图2。3

现代电子技术在国防、科学、工业、医学、通信（信息采集、处理、传输和交流）及文化生活等各个领域中都起着巨大的作用。现在的世界，电子技术无处不在，手机、电视机、音响、电子手表、数码相机、电脑、大规模生产的工业流水线、机器人、航天飞机、宇宙探测仪，可以说，人们现在生活在电子世界中，一天也离不开它。

图1　集成电路板

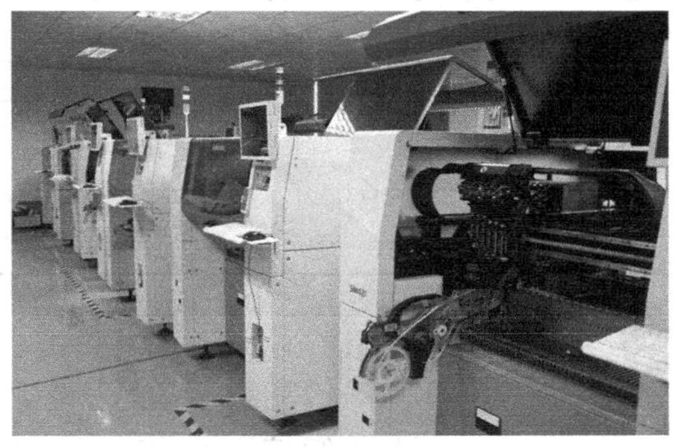

图2　SMT设备

项目一　手机充电器装调与维修

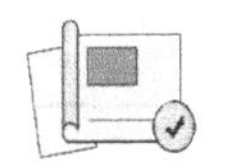

任务描述

某电子生产厂现接到华为手机充电器订单，急需在10个工作日里生产500部手机充电器。某电子生产厂将电路制作部分委托我校学员完成，要求工期共4天，交货前需进行产品功能验收。企业给我们提供了手机充电器电路原理图、元件清单等相关技术文件，由我们来安排电路的安装流程并填写安装工艺卡以及电路的安装。电路安装完成，学员完成对线路的自检后，由专业师傅进行线路检查、通电调试、功能验收，合格后交付车间负责人。工作时间 32h，工作过程需按“6S”现场管理标准进行。

接受任务

派工单见表 3－1。

表 3－1 派工单

工作地点	电子装配车间	工 时	32	任务接受人	
派工人		派工时间		完成时间	
技术标准	IPC－TA－722 《焊接技术评估手册》				
工作内容	根据提供的资料，完成手机充电器电路装调工作，验收合格后交付生产部负责人				
其他附件	1. 电路原理图 1 张； 2. 电气元件明细表； 3. 电子焊接工具				
任务要求	1. 工时：32h； 2. 工作现场管理按“6S”标准执行				
验收结果	操作者自检结果： □ 合格 □ 不合格 签名： 年 月 日			检验员检验结果： □合格 □ 不合格 签名： 年 月 日	

任务实施

◆ 让我们按下面的步骤进行本项目的实施操作吧！◆

步骤一 安装前准备

1. 电子元件

电子元件见表 3－2。

表 3－2 电子元件

序号	元件名称	实物图	电气符号
1	电阻		R

（续）

序号	元件名称	实物图	电气符号
2	电位器		R_P
3	电解电容		C +
4	整流二极管		VD
5	发光二极管		LED

知识链接　常用电子元器件识读与检测

◆ 电阻的识读与检测

电阻是耗能元件，是使用频率最高的电子元器件。

一、电阻的定义

电阻是最常用、最基本的电子元件之一，利用电阻对电能的吸收作用，可使电路中各个元件按需要分配电能，稳定和调节电路的电流和电压。

二、电阻的分类

（1）按阻值特性分为固定电阻、可调电阻、特种电阻（敏感电阻）。

（2）按制造材料分为碳膜电阻、金属膜电阻、线绕电阻、无感电阻、薄膜电阻等。

（3）按安装方式分为插件电阻、贴片电阻。

（4）按材料分为碳膜、线绕。

（5）按结构分为带开关和不带开关，旋转式和直滑式。

（6）按阻值变化分为指数变化、线性变化、对数变化。

（7）按功能分为负载电阻、采样电阻、分流电阻、保护电阻等。

常用的电阻分类如图 3－1 所示。

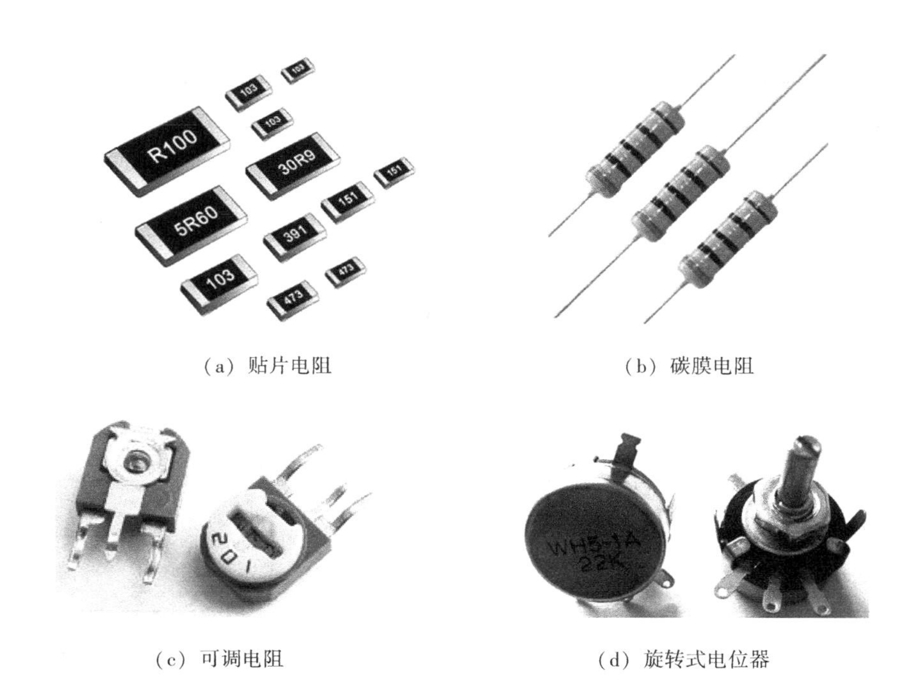

(a) 贴片电阻　　(b) 碳膜电阻

(c) 可调电阻　　(d) 旋转式电位器

图3-1 电阻分类

三、电阻图形符号

电阻符号是“R”，单位是欧姆，用“Ω”表示，常用单位有“Ω、kΩ、MΩ”，其关系为

$$1000\Omega = 1\text{k}\Omega \quad 1000\text{k}\Omega = 1\text{M}\Omega$$

电阻图形符号如图3-2所示。

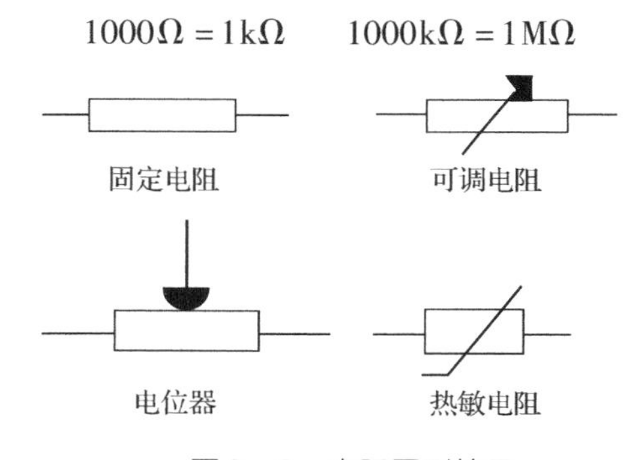

图3-2 电阻图形符号

四、电阻的主要参数

(1) 允许标称阻值：标称在电阻器上的电阻值，单位为Ω，kΩ，MΩ。标称值是根据国家制定的标准系列标注的，不是生产者任意标定的，不是所有阻值的电阻器都存在标称值。

(2) 允许偏差：电阻器的实际阻值对于标称值的最大允许偏差范围，误差代码有F、G、J、K…（常见的误差范围是0.01%，0.05%，0.1%，0.5%，0.25%，1%，2%，5%等）。

(3) 额定功率：指在规定的环境温度下，假设周围空气不流通，在长期连续工作而不损坏或基本不改变电阻器性能的情况下，电阻器上允许的消耗功率，常见的有 1/16W 、1/8W 、1/4W 、1/2W 、1W 、2W 、5W 、10W。

五、电阻器的标注方法

(1) 直标法：把重要参数值直接标在电阻体表面，如图 3－3 所示。

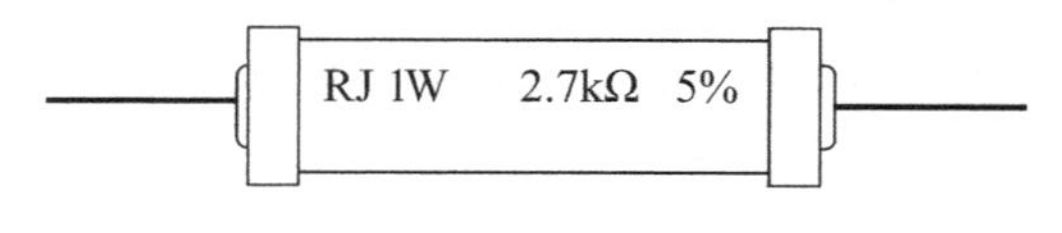

图3－3　直标法

(2) 文字符号表示法：用文字和符号共同表示阻值大小，如图 3－4 所示。

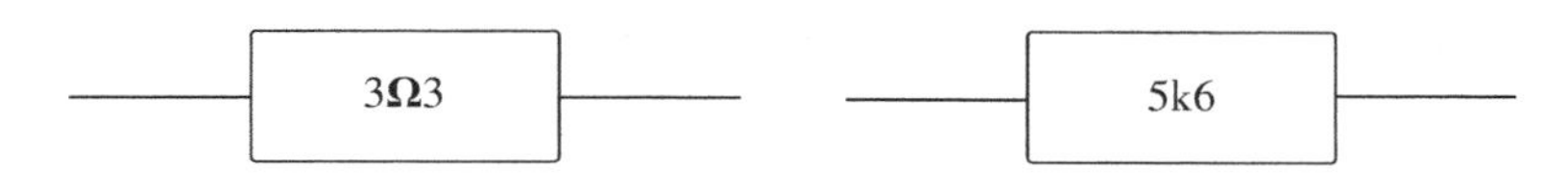

图3－4　文字符号表示法

例　2R2＝2.2Ω

3. 数码法

三位数字表示元件的标称值。从左至右，前两位表示有效数位，第三位表示 0 的个数。

例　471＝470Ω　　105＝1MΩ

4. 色环法

五环电阻：前 3 环代表有效数，第 4 环为零的个数，第 5 环为参数误差值。

四环电阻：前 2 环代表有效数，第 3 环为零的个数，第 4 环为参数误差值，如图 3－5 所示。

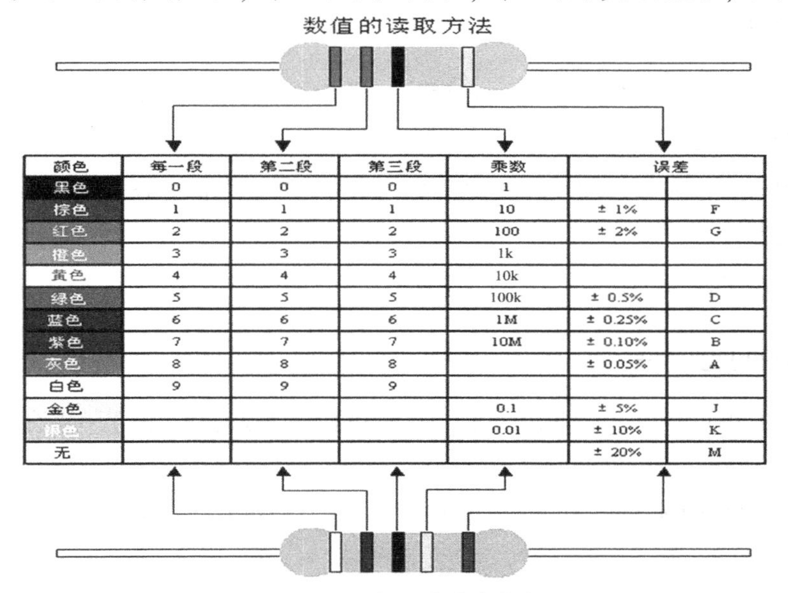

颜色	每一段	第二段	第三段	乘数	误差	
黑色	0	0	0	1		
棕色	1	1	1	10	± 1%	F
红色	2	2	2	100	± 2%	G
橙色	3	3	3	1k		
黄色	4	4	4	10k		
绿色	5	5	5	100k	± 0.5%	D
蓝色	6	6	6	1M	± 0.25%	C
紫色	7	7	7	10M	± 0.10%	B
灰色	8	8	8		± 0.05%	A
白色	9	9	9			
金色				0.1	± 5%	J
银色				0.01	± 10%	K
无					± 20%	M

图3－5　色环法数值的读取

例

（1）四色环电阻：

① 红，黄，棕，金　$24\times10=240\Omega$，误差为5%。

② 绿，红，黄，银　$52\times10000=520\text{k}\Omega$，误差为10%。

（2）五色环电阻：一般五环电阻是相对较精密的电阻。

① 红，红，黑，黑，棕 $220\times1=220\Omega$，误差为1%。

② 紫，红，棕，红，绿 $721\times100=72.1\text{k}\Omega$，误差为0.5%。

（3）六色环电阻：指用六色环表示阻值的电阻。六色环电阻前五色环与五色环电阻表示方法一样，第六色环表示该电阻的温度系数。只在有特定要求的场合下的电子产品才会使用六色环电阻，一般使用非常少。

电阻色环表小口诀：棕一红二橙是三，四黄五绿六为蓝，七紫八灰九对白，黑是零，金五银十表误差。

◆ 电容的识读与检测

电容是储能元件，也是电子设备中大量使用的电子元件之一，如手机电池。

一、电容的定义

电容（或称电容量）是表征电容器容纳电荷本领的物理量。电容具有存储电能的元件，具有充放电特性和通交流隔直流的能力，主要用于电源滤波、信号滤波、信号耦合、谐振、隔直流等电路中。

二、 电容的分类

（1）按照功能分为涤纶电容 、云母电容、高频瓷介电容 、独石电容 、电解电容等。

（2）按照安装方式分为插件电容、贴片电容。

（3）按电路中电容的作用分为耦合电容、滤波电容、退耦电容、高频消振电容、谐振电容、负载电容等。

具体类型如图3－5所示。

三、电容的识别方法

电容的基本单位用法拉（F）表示，其他单位还有毫法（mF）、微法（μF）、纳法（nF）、皮法（pF），其中：

$$1\text{F}=1000\text{mF},\ 1\ \text{mF}=1000\mu\text{F}\ 1\mu\text{F}=1000\text{nF},\ 1\text{nF}=1000\text{pF}$$

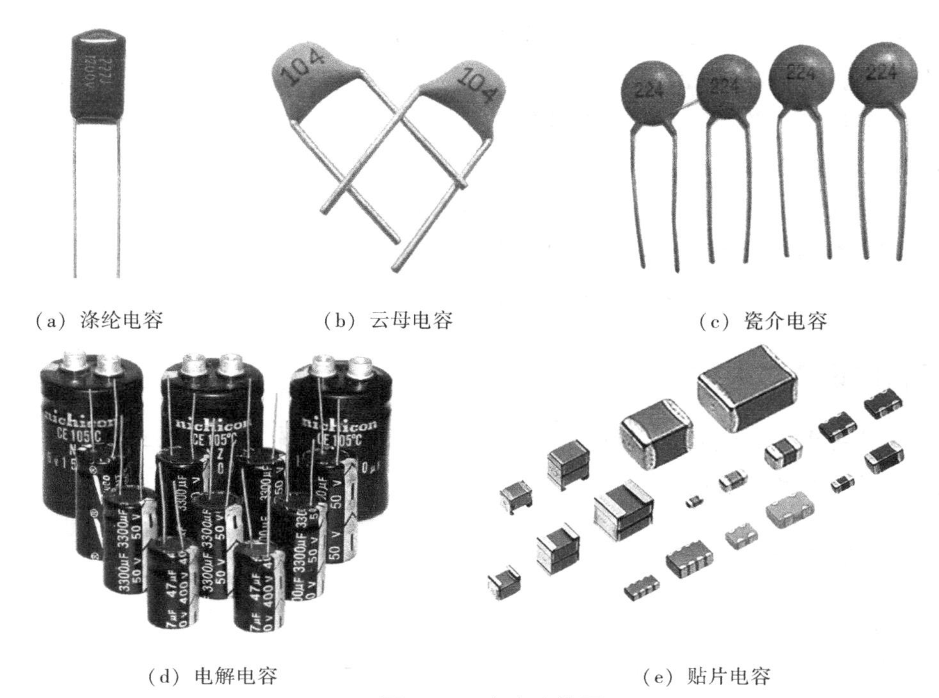

（a）涤纶电容　（b）云母电容　（c）瓷介电容

（d）电解电容　（e）贴片电容

图3-5　电容实物图

电容的识别方法与电阻的识别方法基本相同，有直标法、色标法和数标法3种。

（1）直标法：容量小的电容，其容量值在电容上用字母表示或数字表示。

例　10μF/16V；4700μF/50V

（2）数码法：标在电容器表面上的是三位整数，其中第一、第二位分别表示容量的有效数字，第三位表示容量的有效数字加零的个数。数码法表示电容量时，单位一律是pF。

例　102表示1000pF；221表示220pF

在这种表示法中有一个特殊情况，就是当第三位数字用“9”表示时，是用有效数字乘上10的−1次方来表示容量大小，如：229表示标称容量为22×10^{-1}pF=2.2pF。

（3）文字符号法：将容量的整数部分写在容量单位标志的前面，小数部分放在容量符号标志的后面。

例　1m=1000μF；1P2=1.2pF；1n=1000pF；33=0.33pF

四、电容器的检测

电容器的主要故障是击穿、短路、漏电、容量减小、变质及破损等。

（1）电容器漏电阻测试：用模拟表欧姆档，接触电容的两引线，刚搭上时，表头指针将向右发生摆动，然后再逐渐返回电阻为无穷大处，这就是电容的充放电现象。

（2）电解电容器的极性检测及好坏判别，电解电容器的极性是不允许接错的，当极性无法辨认时，可根据正向连接时漏电电阻大，反向连接时漏电电阻小的特点来判断。交换表笔前后两次测量漏电电阻值，测出电阻值大的一次时，黑表笔接触的是正极。指针的摆动越大，容量越大，指针稳定后所指示的值就是漏电电阻值。其值一般为几十到几百兆欧，阻值越大，电容器的绝缘性能越好。检测时，如果表头指针指到或靠近欧姆零点，说明电容器内部短路；若指针不动，说明电容器内部开路或失效。

（3）用数字万用表检测电容器充放电现象。将数字万用表拨至适当的电阻挡位，万用表表笔分别接在被测电容的两引脚上，这时屏幕显示值从“000”开始逐渐增加，直至屏幕显示“1”，然后将两表笔交换后再测，显示屏上瞬间显示出数据后立刻变为“1”，此时为电容器放电后再反向充电，证明电容器充放电正常。

◆ 二极管的识读与检测

电子元件当中，二极管是一种具有两个电极的装置，只允许电流由单一方向流过，许多使用应用的是其整流功能。

一、二极管分类

1. 按材料分

按材料分为锗管和硅管，两者性能区别在于：硅二极管，温度性能好，但管压降大；锗二极管，温度性能较差，但管压降小。锗管正向压降比硅管小，若正向降压为0.1～0.3V则为锗二极管，0.5～0.8V则为硅二极管。

2. 按用途分

普通二极管：包括检波二极管、整流二极管、开关二极管、稳压二极管，主要用于信号检测和小电流整流。

特殊二极管：包括变容二极管、光电二极管、发光二极管。

常用二极管如图3-6所示。

（a）整流二极管

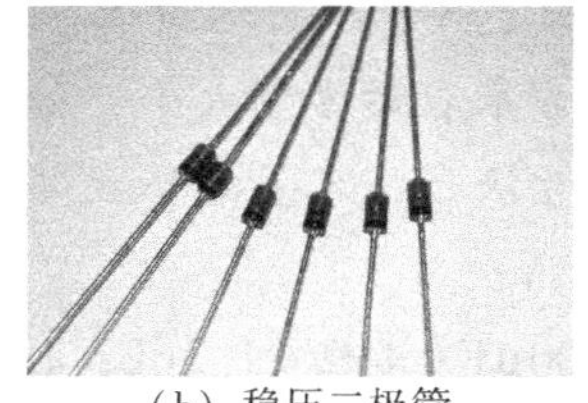

（b）稳压二极管

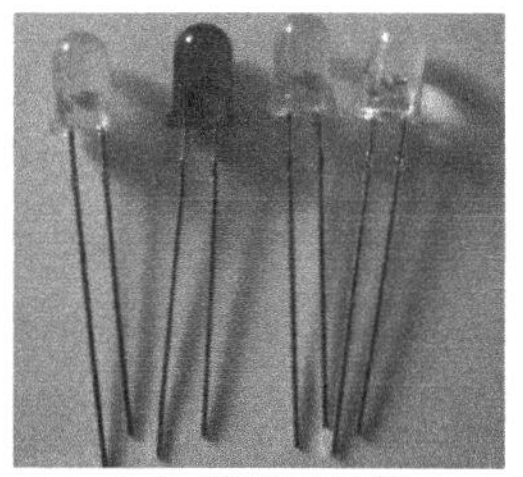

（c）发光二极管

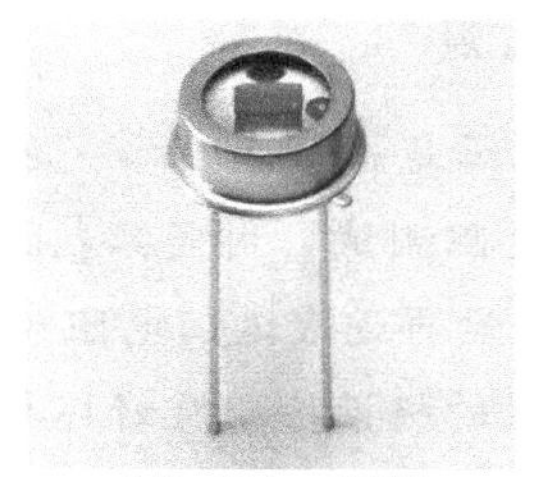

（d）光电二极管

图3-6 二极管实物图

二、二极管图形符号

二极管图形符号如图 3 –7 所示。

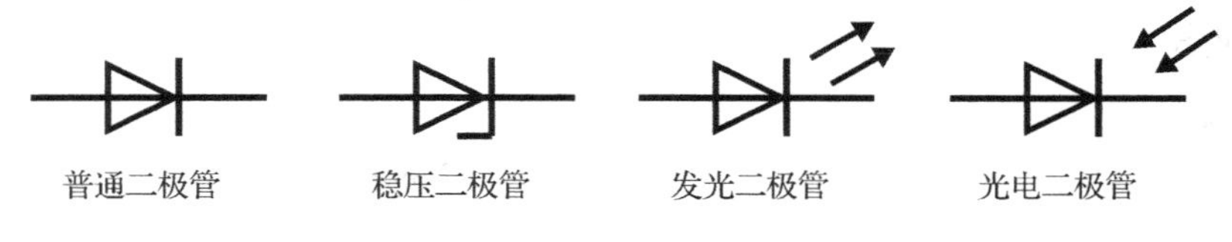

图3 –7　二极管图形符号

三、二极管的型号命名

二极管的型号由五部分组成。

第一部分：用数字“2”表示二极管。

第二部分：材料和极性，用字母表示。

第三部分：类型，用字母表示。

第四部分：序号，用数字表示。

第五部分：规格，用字母表示。

材料和极性	P型	N型
锗材料	A	B
硅材料	C	D

P	普通管
W	稳压管
U	光电管
K	开关管
Z	整流管

例　2CP10 表示 N 型用硅材料制作的普通二极管；

2AK4 表示 N 型用锗材料制作的开关二极管；

2CZ14 表示 N 型用硅材料制作的整流二极管。

四、二极管极性的简易判别法

使用二极管时，首先应注意它的极性，不能接错了，否则电路不能正常工作，甚至引起管子及电路中其他元件的损坏。一般二极管的管壳上标有极性的记号，在没有记号时，可用万用表来判别管子的阳极和阴极，并能检验它单向导电性能的好坏。

判别的方法：利用万用表的 R×10 或 R×100 挡测量二极管的正、反向电阻。万用表测电阻时，万用表的红表笔插在“+”插孔上，相当于红表笔与万用表内电池的负极相连，黑表笔与万用表内电池的正极相连。当万用表的黑表笔接至二极管阳极，红表笔接至阴极时，二极管处在正向偏置，会导电，电阻很小；当万用表的黑表笔接至二极管阴极，红表笔接至阳极时，二极管处在反向偏置，不导电，电阻很大，如图 3 –8 所示。根据上述测量的结果就可以判别二极管的好坏和管脚的极性。

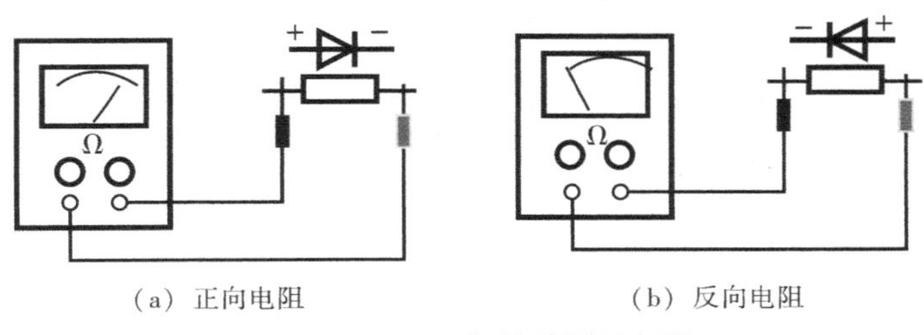

（a）正向电阻　　（b）反向电阻

图3 –8　二极管检测示意图

步骤二 工作原理

1. 原理图

原理图如图 3－9 所示。

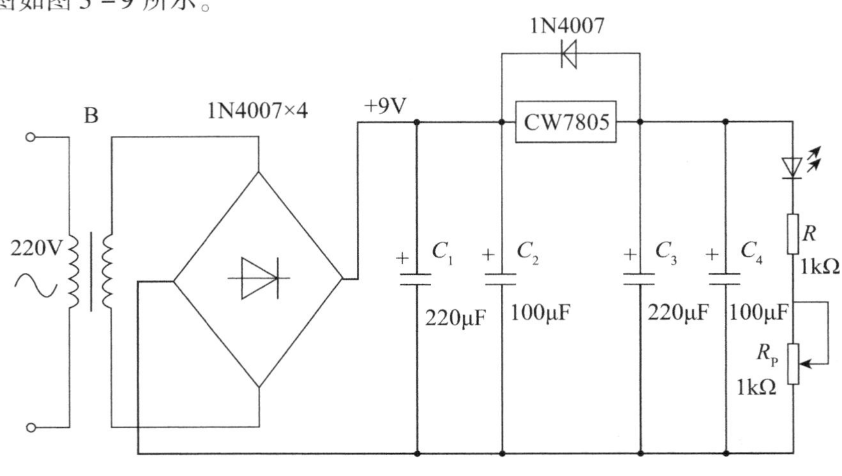

图3－9 手机充电器原理图

2. 工作过程

电路分为降压电路、整流电路、滤波电路和集成稳压电路四大部分，如图 3－10 所示。降压电路，本电路使用的降压电路是单相交流变压器；整流电路，主要作用是把经过变压器降压后的交流电通过整流变成单方向的直流电，但是这种直流电的幅值变化很大，它主要是通过二极管的截止和导通来实现的；滤波电路，采用电容滤波电路，由于电容在电路中也有储能的作用，并联的电容器在电源供给的电压升高时，能把部分能量存储起来，而当电源电压降低时，就把能量释放出来，使负载电压比较平滑；稳压电路，采用三端集成稳压器，具有稳定性能好、输出纹波电压小、使用可靠等优点。

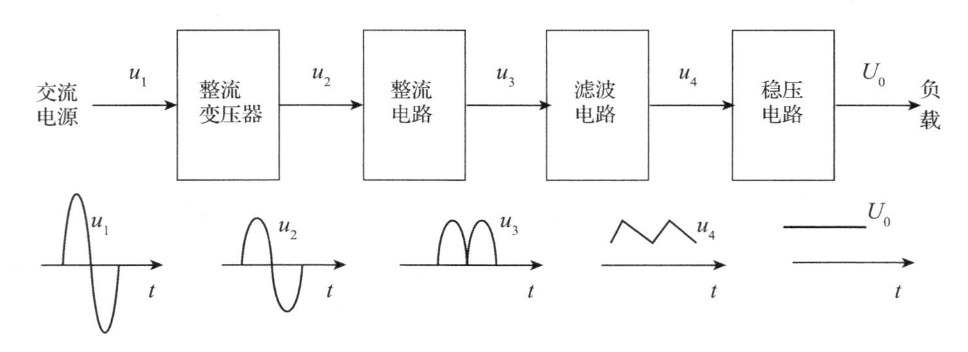

图3－7 直流稳压电源方框图

知识链接　整流滤波电路

利用二极管的单向导电性可以将交流信号变换成单向脉动直流信号，这种过程称为整流。经过整流后，输出电压在方向上没有变化，但输出电压波形仍然保持输入半个正弦波的波形。输出电压起伏较大，为了得到平滑的直流电压波形，必须采用滤波电路，以改善输出电压的脉动性，常用的滤波电路有电容滤波、电感滤波、LC 滤波和 π 型滤波。

一、单相桥式整流电路

1. 电路结构

电阻桥式整流电路如图 3－11 所示。

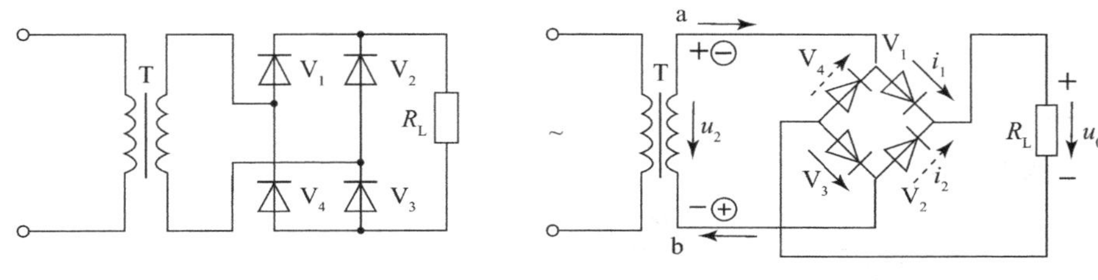

图3－11　单相桥式整流电路

2. 工作原理

当输入信号 u_i 处在正半周时，如图3－12（a）所示，二极管 V_1 和 V_3 通，V_2 和 V_4 截止，电流从端子 a 出发，经 V_1、R_1、V_3 回到端子 b，并产生 $u_L = i_R$ 的输出电压，$u_o = U_L = u_i$，若二极管是理想的，则二极管的管压降为零。当输入信号 u_i 处在负半周时，如图 3－12（b）所示，二极管 V_2 和 V_4 通，V_1 和 V_3 截止，电流从端子 b 出发，经 V_2、R_L、V_4 回到端子 a，同样产生 $u_O = iR$ 的输出电压，$u_o = U_L = u_i$。

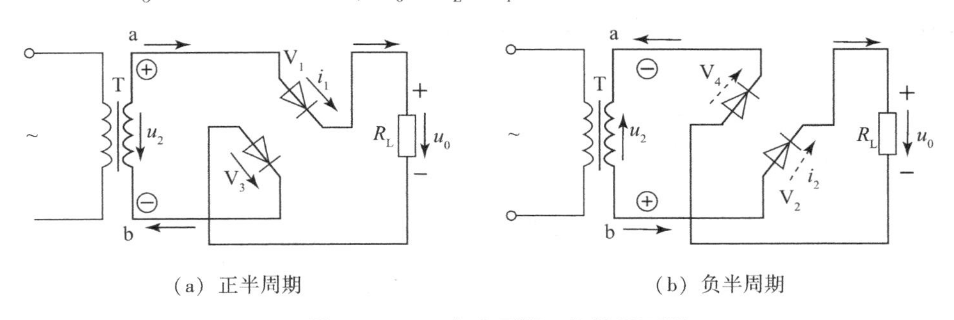

（a）正半周期　　（b）负半周期

图3－12　正负半周期二极管导通图

3. 工作波形

由输入和输出信号的波形图 3－13 可见，单相桥式整流电路在输入交流电压的正负半周时，在负载电阻 R 上始终有同一方向的电流流过，达到将负半周输入信号翻转 180°的目的，所以在负载电阻 R 上得到全波脉动的直流电压和电流，使整流的效率提高了，该电路称为全波整流电路。

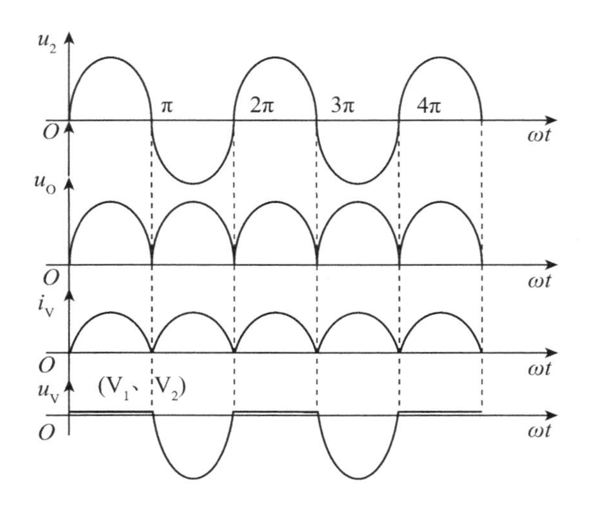

图3－13 单相桥式整流电路波形图

4. 电路参数

电路参数见表3－3。

表3－3 电路参数

电路参数	计算公式
输出电压的平均值 U_o	$U_o=0.9U_i$
输出电流的平均值 I_o	$I_o=U_o/R$
通过二极管的平均电流 I_f	$I_f=1/2I_o$
二极管承受的最大反向电压 U_{RM}	$U_{RM}=\sqrt{2}U_2$

二、电容滤波电路

1. 电路结构及工作波形

电容滤波电路结构如图3－14所示，波形图如图3－15所示。

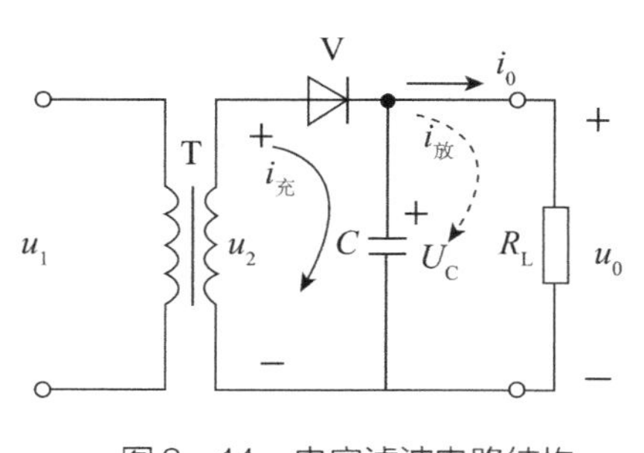

图3－14 电容滤波电路结构

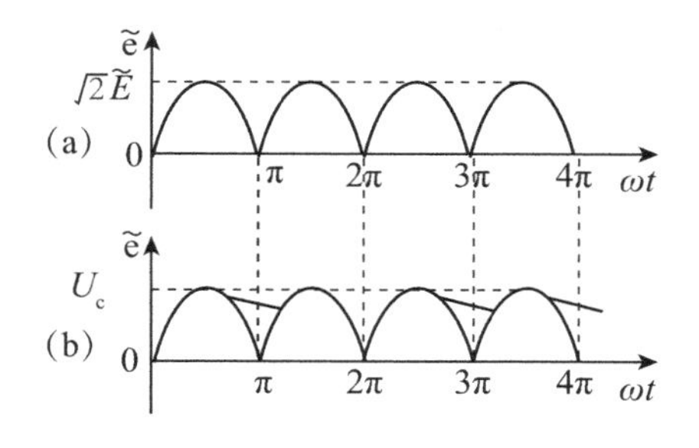

图3－15 电容滤波电路波形图

2. 工作原理

在 u_2 的正半周时，二极管V导通，忽略二极管正向压降，则 $u_o=u_2$，这个电压一方面给电容充电，另一方面产生负载电流 I_o，电容 C 上的电压与 u_2 同步增长，当 u_2 达到峰值后，开始下降，$U_C > u_2$，二极管截止。之后，电容 C 以指数规律经 R_L 放电，U_C 下降。当放电时，u_2 经负半周后又开始上升，当 $u_2 > U_C$ 时，电容再次被充电到峰值。U_C 降到一定以后，电容 C 再次经 R_L 放电，通过这种周期性充放电，以达到滤波效果。

步骤三　电路焊接

1. 电子元件明细表

电子元件明细见表 3－4。

表 3－4　电子元件明细表

代号	名称	规格型号	数量	用途
$VD_1 - VD_4$	整流二极管	1N4007	4 个	整流
VD_5	整流二极管	1N4007	1 个	短路保护
C	电解电容	220μF/50V	2 个	滤波
C	电解电容	100μF/50V	2 个	滤波
R	电阻	1kΩ	1 个	限流
R_P	电位器	1kΩ	1 个	限流
LED	发光二极管	Φ3	1 个	电源指示灯
IC	三端集成稳压器	CW7805/LM7805	1 个	稳定电压

知识链接

集成稳压器又叫集成稳压电路，是将不稳定的直流电压转换成稳定的直流电压的集成电路，用分立元件组成稳压电源，固有输出功率大，适应性较广。

◆ 三端固定集成稳压器

一、型号及封装形式

常用的三端固定集成稳压器有 W7800 系列（输出固定正电压）和 W7900（输出固定负电压）系列，其外形如图 3－16 所示。型号中 78 表示输出为正电压值，79 表示输出为负电压值，00 表示输出电压的稳定值，输出电压等级主要有 ±5V、±6V、±9V、±12V、±15V、±18V 和 ±24V。

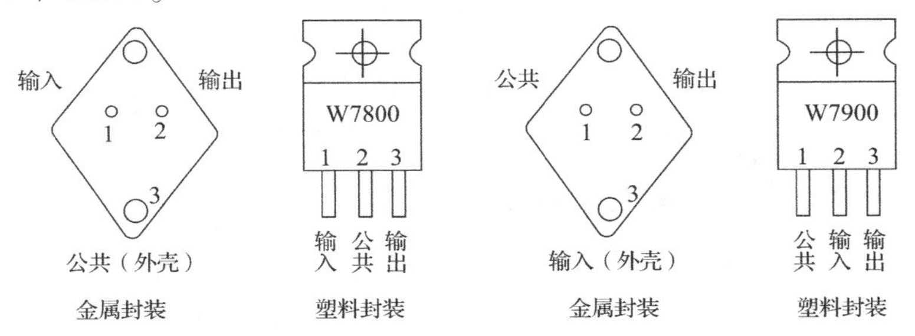

图 3－16　三端集成稳压器外形图

二、三端固定式集成稳压器典型应用

1. 基本应用电路

三端固定式集成稳压器最基本的应用电路如图 3－17 所示。整流滤波后得到的直流电压 U_i 接在输入端和公共端之间，在输出端即可得到稳定的输出电压 U_o。为使三端稳压器能正常工作，U_i 与 U_o 之差应大于 2～3V，且 $U_i \leq 35V$。

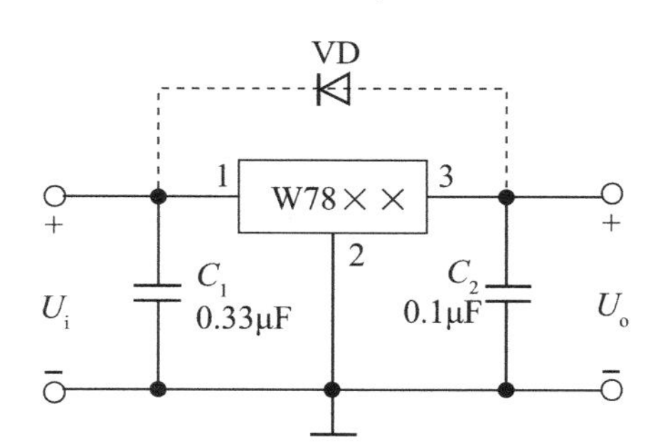

图3－17　三端固定式集成稳压器基本应用电路

2. 提高输出电压的电路

如图 3－18 所示电路能够使输出电压高于固定输出电压。图中 $U_{××}$ 为 W78××稳压器的固定输出电压，显然输出电压 $U_o = U×× + U_Z$。

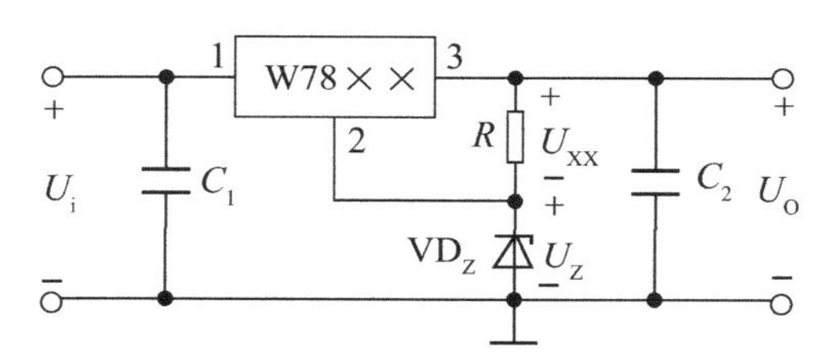

图3－18　三端固定式集成稳压器提高输出电压电路

3. 能同时输出正、负电压的电路

具体电路如图 3－19 所示。

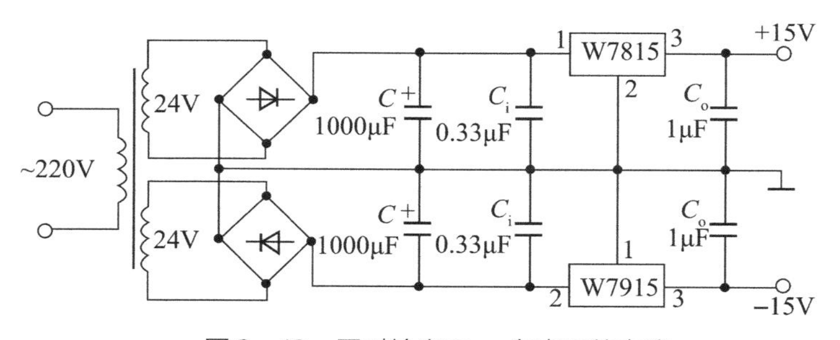

图3－19　同时输出正、负电压的电路

◆ 三端可调集成稳压器

一、型号组成及封装形式

常用的三端可调集成稳压器有 W317 和 W337，外形如图 3－20 所示。型号中第一位数字为 3 时，表示为民品（1 为军品，2 为工业、半军品），第二位和第三位数字 17 表示输出为正电压值，37 表示输出为负电压值。

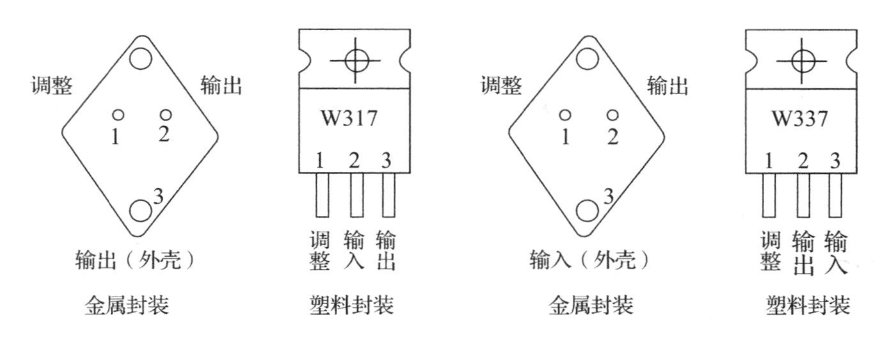

图 3－20　三端可调集成稳压器外形图

二、基本应用电路

三端可调集成稳压器的基本应用电路如图 3－21 所示，输出电压近似由决定。

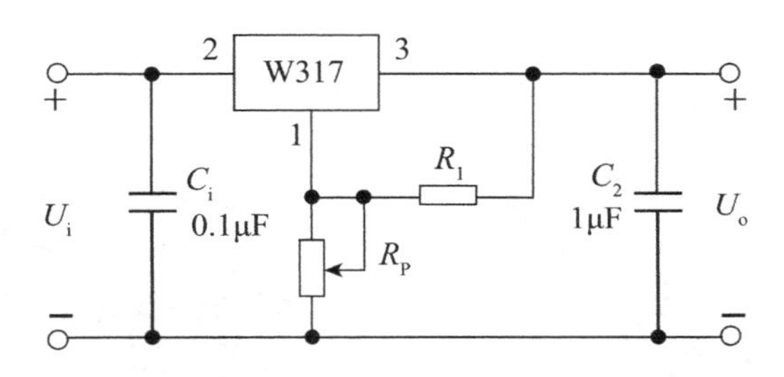

图 3－21　三端可调集成稳压器的基本应用电路

2. 元器件质量检查

使用万用表检测各电子元器件，并记录于表 3－5 中。

表 3－5　元器件质量检查登记表

元器件		识别及检测内容			
电阻器	符号	色环顺序	标称值（含误差）	测量值	测量挡位
	R				
	R_P				

（续）

元器件		识别及检测内容			
电容器	符号	种类	标称值（μf）	标志方法	质量判定
	C_1				
	C_2				
	C_3				
	C_4				
整流二极管	符号	正向电阻	反向电阻	测量挡位	质量判定
	LED				
	VD1				
	VD2				
	VD3				
	VD4				
	VD5				

知识链接

（1）整流管判别，如图3－22所示。

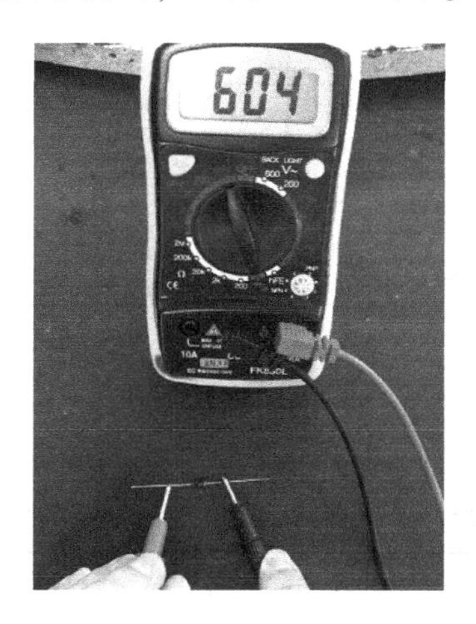

正向导通

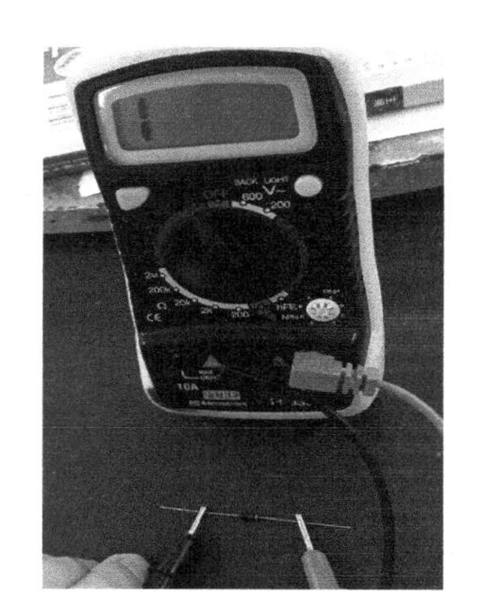

反向截止

图3－22 整流管判别

（2）稳压管判别，如图 3 – 23 所示。

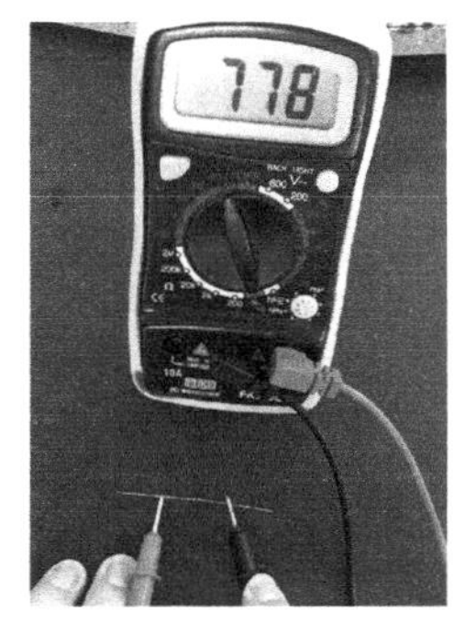

正向导通

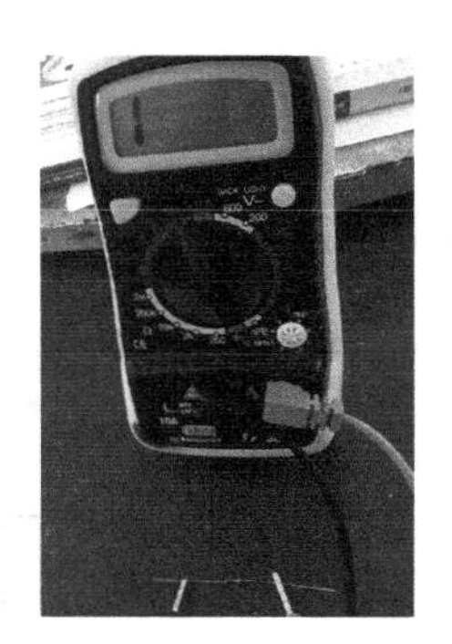

反向截止

图3 –23　稳压管判别

（3）发光管判别

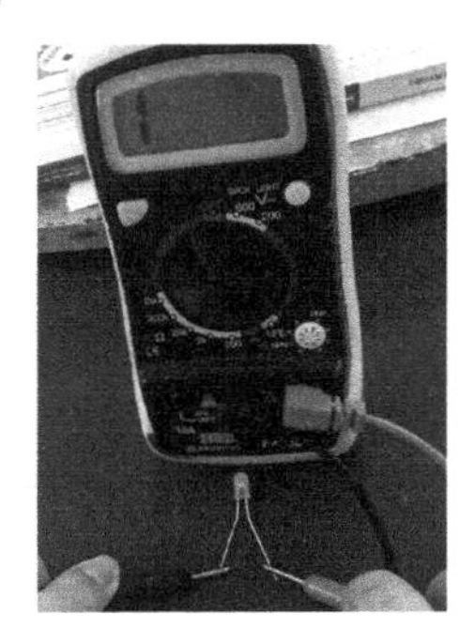

正向导通

反向截止

图3 –24　发光管判别

注意

将红表笔接二极管正极，黑表笔接负极。然后观察读数，如果显示为 1，则二极管已坏；将黑表笔接二极管正极，红表笔接负极。然后观察读数，如果显示为 0，则二极管已坏。

（4）整流桥判别，如图 3 – 25 所示。

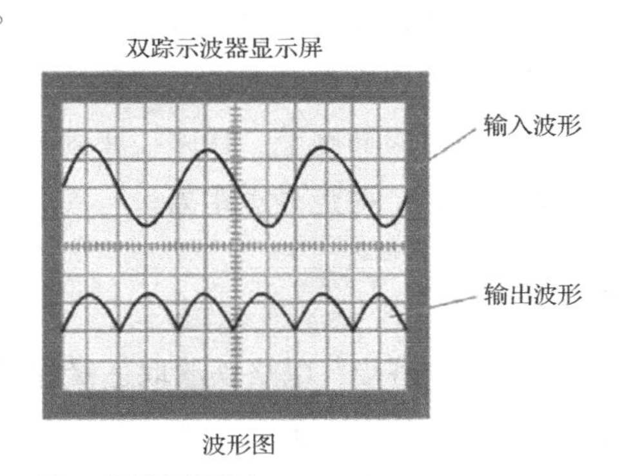

波形图

图3 –25　整流桥判别

3. 电路安装

1）装配图

按照图 3 –26 安装摆放元器件。

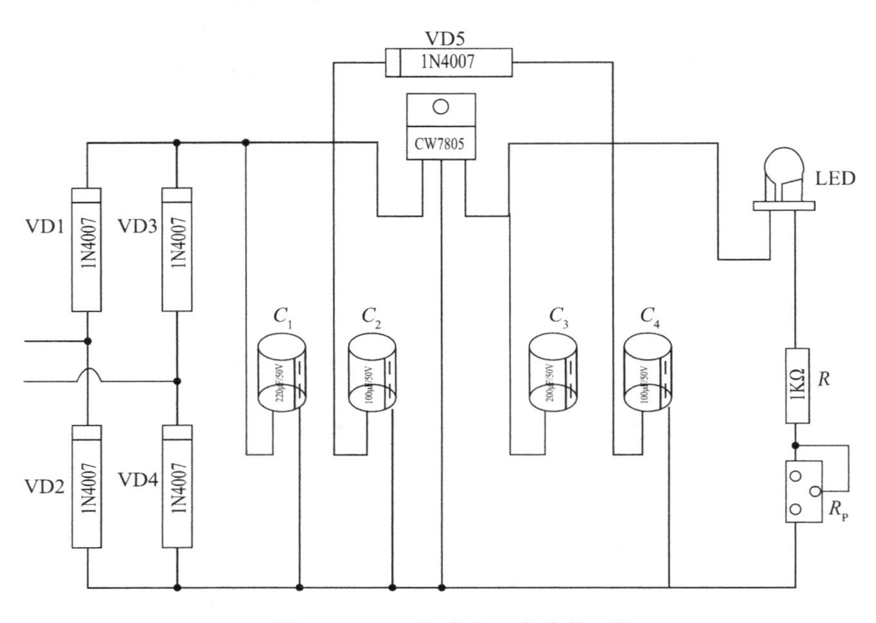

图 3 –26 手机充电器电路装配图

2）元器件安装

电路板上元器件的安装次序应该以前道工序不妨碍后道工序为原则，一般是先装低矮的小功率卧式元器件，然后装立式元器件和大功率卧式元器件，再装可变元器件、易损元器件，最后装带散热器的元器件和特殊元器件。

（1）CW7805 采用立式安装，应贴近电路板，注意极性要安装正确。

（2）电阻采用卧式安装，应贴近电路板，色环顺序必须一致。

（3）电位器、电容器安装尽量插到底，均采用立式安装，注意引脚排列顺序。

（4）电位器焊接固定在电路板上，用导线连接到电路板上的所在位置。

（5）保险安装在保险插座上，保险插座固定在电路板上。

（6）走线横平竖直，并走最短距离。

4. 焊接元件

把元件引线与焊点搭接，电烙铁蘸取适量焊锡，烙铁头刃面紧贴焊点，待焊点焊锡完全熔化，轻轻转动烙铁头带去多余焊锡，然后从斜上方 45°角方向迅速移开焊点。在焊点的焊锡未完全固化之前，夹持引线的摄子或尖嘴钳不能有丝毫晃动，否则极易造成虚焊。

知识链接　焊接技术

焊接在电子产品装配中是一项重要的技术。它在电子产品实验、调试、生产中，应用非常广泛，而且工作量相当大，焊接质量的好坏，将直接影响产品的质量。

一、焊接工具

1. 典型电烙铁的结构

典型电烙铁的结构如图3-27所示。

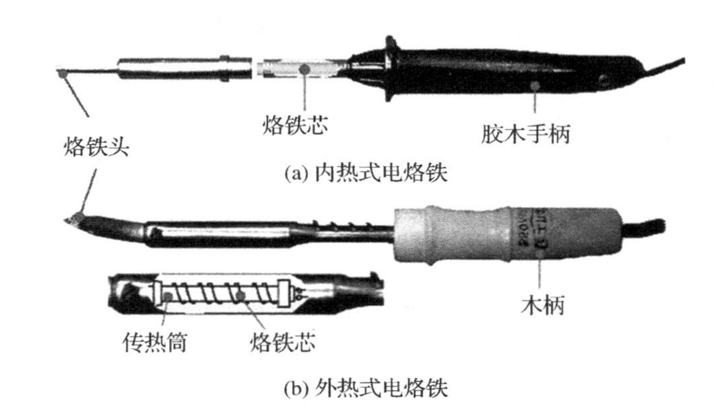

(a) 内热式电烙铁

(b) 外热式电烙铁

图3-27　典型电烙铁的结构示意图

2. 常用电烙铁的种类和功率

常用电烙铁分内热式和外热式两种，如图3-27所示。内热式电烙铁的烙铁头在电热丝外面，这种电烙铁加热快且重量轻。外热式电烙铁的烙铁头是插在电热丝里面，它加热虽较慢，但相对比较牢固。

常用电烙铁功率有20W、25W、45W、75W、100W。业余电子爱好者通常备20W内热式和45W外热式电烙铁各一把。功率较大的电烙铁，其电热丝电阻较小。

3. 电烙铁使用注意事项

(1) 使用前用万用表检测电烙铁的电阻。检测电烙铁外壳与电源插头之间的电阻应为无穷大或大于200MΩ。

(2) 将烙铁头端部锉亮，然后插入交流电源插座通电加热升温，并将烙铁头蘸上一点松香，待松香冒烟时再蘸上锡，使在烙铁头端部表面先镀上一层锡。

(3) 电烙铁通电后温度高达250℃以上，不用时应搁在烙铁架上，但较长时间不用时应切断电源，防止高温“烧死”烙铁头（重新被氧化而不上锡）。要防止电烙铁烫坏其他元器件，尤其是电源线，若其绝缘层被电烙铁烧坏而不注意便容易引发安全事故。

二、焊接技术

目前常用的焊接技术包括手工焊接技术、波峰焊接技术及回流焊技术 。

1. 手工焊接技术

手工焊接适合于产品试制、电子产品的小批量生产、电子产品的调试与维修以及某些不适合自动焊接的场合。手工焊接的要点是保证正确的焊接姿势，熟练掌握焊接的基本操作步骤及掌握手工焊接的基本要领。

1）握持电烙铁的方法

通常握持电烙铁的方法有握笔法和握拳法两种，如图 3－28 所示。

（a）握笔法　　（b）握拳法

图3－28　电烙铁握法

2）焊接五步法

焊接五步法包括准备施焊、加热焊件、熔化焊料、移开焊锡、移开烙铁，如图 3－29 所示。

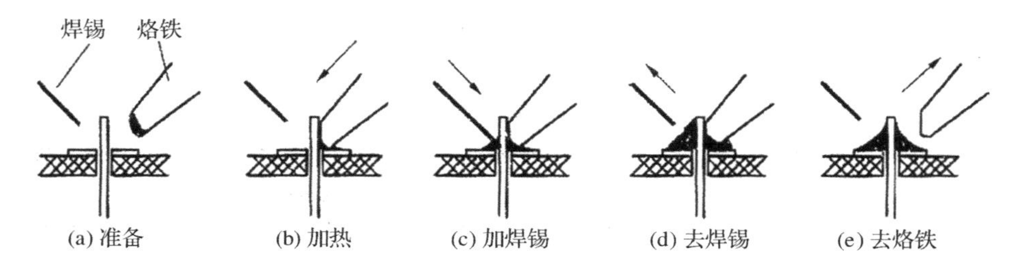

(a) 准备　(b) 加热　(c) 加焊锡　(d) 去焊锡　(e) 去烙铁

图3－29　焊接五步法

3）手工焊接注意事项

（1）掌握好加热时间：在保证焊料润湿焊件的前提下，加热时间越短越好。

（2）保持合适的温度：保持烙铁头在合适的温度范围内。一般经验是烙铁头温度比焊料熔化温度高 50℃ 较为适宜。

（3）防止焊接不良。良好焊接的基本方法：焊接前用酒精擦干净焊盘后涂上松香酒精溶剂，如果焊盘上有氧化层，须用锋利小刀细心地把它刮除后才能涂上松香酒精溶剂；被焊引线均须事先搪锡，还应注意有的晶体管引线是镀金的，若刮除镀层就不沾锡，因此不能把它刮除；烙铁头必须清理干净，不许有异物混入焊锡中；在正常温度熔化的焊锡，表面十分光亮，若其表面常常出现灰暗色皱纹，则说明烙铁头温度太高或搁着通电不用时间过长，可用湿布揩干净后在松香焊锡丝上重新蘸锡；焊接前，电烙铁的头部必须先上锡，新的或是用旧的铜制烙铁头必须用小刀、金刚砂布、钢丝刷或细砂纸刮削或打磨干净，凹陷的地方理当锉平；对于镀金的烙铁头，应该用湿的海绵擦拭，含铁的烙铁头则可用钢丝刷清洁，不可锉平或打磨。

2. 波峰焊接技术

波峰焊接是指将插装好元器件的印制电路板与熔化焊料的波峰接触，一次完成印制电路板上所有焊点的焊接过程。

波峰焊接技术的特点：生产效率高，最适应单面印制电路板的大批量焊接；焊接的温度、时间、焊料及焊剂等的用量，均能得到较完善的控制。但波峰焊容易造成焊点桥接的现象，需要补焊修正。

3. 回流焊技术

回流焊是将焊料加工成一定的颗粒，并拌以适当的液态粘合剂，使之成为具有一定流动性的糊状焊膏，用它将贴片元器件粘在印制电路板上，然后通过加热使焊膏中的焊料熔化而再次流动，达到将元器件焊接到印制电路板上的目的，该技术主要用于贴片元器件的焊接。

回流焊技术的特点：被焊接的元器件受到的热冲击小，不会因过热造成元器件的损坏；无桥接缺陷，焊点的质量较高。

三、焊料、焊剂和焊接的辅助材料

1. 焊料

焊料是一种熔点低于被焊金属，在被焊金属不熔化的条件下，能润湿被焊金属表面，并在接触面处形成合金层的物质。电子产品生产中，最常用的焊料称为锡铅合金焊料（又称焊锡），它具有熔点低、机械强度高、抗腐蚀性能好的特点。

手工焊接中最常见的是管状松香芯焊锡丝。这种焊锡丝将焊锡制成管状，其轴向芯内是由优质松香添加一定的活化剂组成的。

2. 助焊剂

焊剂是进行锡铅焊接的辅助材料。焊剂的作用是去除被焊金属表面的氧化物，防止焊接时被焊金属和焊料再次出现氧化，并降低焊料表面的张力，有助于焊接。

3. 清洗剂

在完成焊接操作后，要对焊点进行清洗，避免焊点周围的杂质腐蚀焊点。常用的清洗剂有无水乙醇（无水酒精）、航空洗涤汽油与三氯三氟、乙烷。

4. 阻焊剂

阻焊剂是一种耐高温的涂料，其作用是保护印制电路板上不需要焊接的部位。阻焊剂的种类有热固化型阻焊剂、紫外线光固化型阻焊剂（光敏阻焊剂）与电子辐射固化型阻焊剂。

常用焊锡丝、助焊剂和清洗剂如图 3－30 所示。

（a）焊锡丝　　（b）助焊剂　　（c）清洗剂

图3－30　焊料、焊剂与辅助材料

步骤四　电路检测

1. 通电前直观检查

通电前，首先观察直流稳压电源电路有无虚焊、连焊处；元器件位置安装是否正确，元器件的极性、引脚排列是否正确；尤其要注意三端稳压集成电路 CW7805 引脚安装是否正确；然后用电阻法检测电源的正、反向电阻值，判断电路是否短路，若有短路现象出现，必须先排除故障后才能通电调试；最后检查印制电路板上所装配的元器件无搭锡、装错后，方可接通电源。

2. 通电观察

将直流稳压电源电路接入 220V 交流电源，观察有无冒烟、异味、元器件发烫等异常现象。如果有异常现象，立刻断电检修。

3. 通电检测

接通直流稳压电源电路的电源，用万用表检测电源变压器初级线圈电压应为 220V，次级线圈电压为 24V，输出端电压应在 5V 以内变化。用示波器观察变压器初级线圈和次级线圈电压波形，应为正弦波形，只不过波形在幅度上不同，在整流电路输出端为脉动直流波形，在滤波电路输出端、稳压电路输出端为直流电压波形。用万用表检测变压器初级、次级线圈电压，分别为 220V、24V，整流、滤波电路输出直流电压为 30V，电路输出端电压在 5V 以内变化。

4. 验收记录表

验收记录表见表 3－6。

表3－6　验收记录表

设备名称			设备型号	
项目	序号	检查内容		检查结果
通电前准备	1	所有开关处于断开状态		
	2	检测所有元器件安装是否符合要求		
	3	检查焊点是否均匀		
检查结果	序号	操作内容		检查内容
功能验收	1	整流电路		整流后电压
	2	滤波电路		滤波后电压
	3	稳压电路		稳压后电压
操作人（签字）： 年　月　日			检查人（签字）： 年　月　日	

注意事项

焊接质量检查见表 3－7。

表3－7　焊接质量检查

焊点外形	外观特点	原因分析	结果
	以焊接线为中心，匀称、成裙形拉开，外观光洁、平滑 $a=(1\sim1.2)b$ $c\approx1\text{mm}$	焊料适当，温度合适，焊点自然成圆链状	外形美观、导电良好、连接可靠
	焊料过多，焊料面呈凸形	焊丝撤离过迟	缺浪费焊料，可能包藏陷
	焊料过少	焊丝撤离过早	机械强度不足
	焊料未流满焊盘	焊料流动性不好，助焊剂不足或质量差	强度不够
	出现拉尖	烙铁撤离角度不当；助焊剂过多；加热时间过长	外观不佳，易造成桥
	松动	焊料未凝固前引线移动；引线氧化层未处理好	导通不良或不导通

过程考核评价

手机充电器装调与维修过程考核评价见表3－8。

表3－8 手机充电器装调与维修过程考核评价表

项目一 手机充电器装调与维修					
学员姓名		学号	班级	日期	
项目	考核项目	考核要求	配分	评分标准	得分
知识目标	元器件的识别与选用	学会项目中元器件的识别与选取方法	20	项目中的元件识别、质量判别方法或基本特性，错误一项，每个元件扣2分	
	电路结构及工作原理分析	1. 能理解电路的工作原理； 2. 熟悉电路的结构组成	10	电路工作原理叙述不清楚扣5分	
能力目标	装配	1. 能正确的使用电子装接工具； 2. 焊点大小均匀、有光泽、无毛刺、无假焊、无搭焊现象； 3. 按元件工艺表对元件引脚成型； 4. 元器件插装高度尺寸、标志方向符合规定工艺要求，无错装、无漏装现象； 5. 敷线平直、合理	30	1. 常用电子装接工具使用不正确，每错误一项扣5分； 2. 元器件引线、导线加工不符合工艺要求，每错误一处扣1分； 3. 元器件插装不符合工艺要求，每错误一项扣2分； 4. 焊点不符合要求，每错误一处扣2分	
	调试	1. 能正确地进行故障排除； 2. 能正确地进行电路调试； 3. 能正确地进行电路相关参数的测量	20	1. 不会使用仪器仪表按项目的要求进行电路调试扣5分； 2. 不能正确地进行电路相关参数的测量扣5分； 3. 不能正确地进行故障排查扣10分	
方法及社会能力	过程方法	1. 学会自主发现、自主探索的学习方法； 2. 学会在学习中反思、总结，调整自己的学习目标，在更高水平上获得发展	10	在工作中反思，有创新见解和自主发现、自主探索的学习方法，酌情给5～10分	

（续）

<table>
<tr><th colspan="6">项目一　手机充电器装调与维修</th></tr>
<tr><td>学员姓名</td><td></td><td>学号</td><td></td><td>班级</td><td></td><td>日期</td><td></td></tr>
<tr><td>项目</td><td>考核项目</td><td>考核要求</td><td>配分</td><td>评分标准</td><td>得分</td></tr>
<tr><td>方法及社会能力</td><td>社会能力</td><td>小组成员间团结、协作，共同完成工作任务，养成良好的职业素养（工位卫生、工服穿戴等）</td><td>10</td><td>1. 工作服穿戴不全扣3分；
2. 工位卫生情况差扣3分</td><td></td></tr>
<tr><td colspan="2">实训总结</td><td colspan="4">你完成本次工作任务的体会（学到哪些知识，掌握哪些技能，有哪些收获）：</td></tr>
<tr><td colspan="2">得分</td><td colspan="4"></td></tr>
</table>

工作小结

项目二　耳聋助听器装调与维修

任务描述

某电子生产厂急需在5个工作日里生产100部耳聋助听器，为改善有听力障碍的老人的听力能力。现将电路制作部分委托我们学员完成，要求工期共3天，交货前需进行产品功能验收。企业给我们提供了耳聋助听器电路原理图、元件清单等相关技术文件，由我们来安排电路的安装流程并填写安装工艺卡以及电路的安装。电路安装完成，学员完成对线路的自检后，由专业师傅进行线路检查、通电调试、功能验收，合格后交付车间负责人。工作时间24h，工作过程需按“6S”现场管理标准进行。

接受任务

派工单见表3－9。

表3－9　派工单

<table>
<tr><td>工作地点</td><td>电子装配车间</td><td>工 时</td><td>24</td><td>任务接受人</td><td></td></tr>
<tr><td>派工人</td><td></td><td>派工时间</td><td></td><td>完成时间</td><td></td></tr>
<tr><td>技术标准</td><td colspan="5">IPC－TA－722
《焊接技术评估手册》</td></tr>
<tr><td>工作内容</td><td colspan="5">根据提供的资料，完成耳聋助听器电路装调工作，验收合格后交付生产部负责人</td></tr>
<tr><td>其他附件</td><td colspan="5">1. 电路原理图1张；
2. 电气元件明细表；
3. 电子焊接工具</td></tr>
<tr><td>任务要求</td><td colspan="5">1. 工时：32h；
2. 工作现场管理按“6S”标准执行</td></tr>
<tr><td>验收结果</td><td colspan="2">操作者自检结果：
□ 合格　　□ 不合格
签名：
年　月　日</td><td colspan="3">检验员检验结果：
□合格　　□ 不合格
签名：
年　月　日</td></tr>
</table>

任务实施

◆ 让我们按下面的步骤进行本项目的实施操作吧！◆

步骤一　安装前准备

1. 原理图

耳聋助听器原理图如图 3－31 所示。

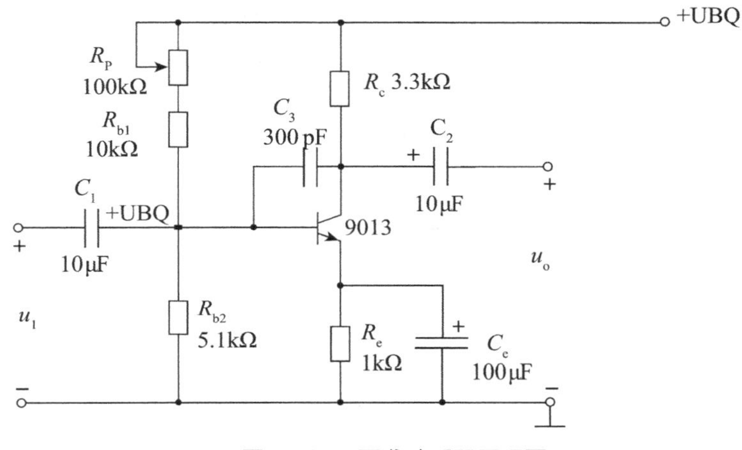

图3－31　耳聋助听器原理图

2. 电子元件清单

根据原理图中的元件参数，填写完成表 3－10。

表3－10　电子元件清单

序号	元件名称	图形符号	规格型号	数量	备注
1	三极管	b c e VT	NPN 9013	1 个	
2					
3					
4					
5					
6					
7					
8					

知识链接 三极管识读与检测

三极管，全称应为半导体三极管，也称双极型晶体管、晶体三极管，是一种控制电流的半导体器件，其作用是把微弱信号放大成幅度值较大的电信号，也用作无触点开关。

一、三极管的结构与符号

三极管有三个电极，分别从三极管内部引出。按两个 PN 结组合方式的不同，三极管可分为 PNP 型、NPN 型两类，其结构示意、电路符号和文字符号如图 3－32 所示。有箭头的电极是发射极，箭头方向表示发射结正向偏置时的电流方向，由此可以判断管子是 PNP 型还是 NPN 型。

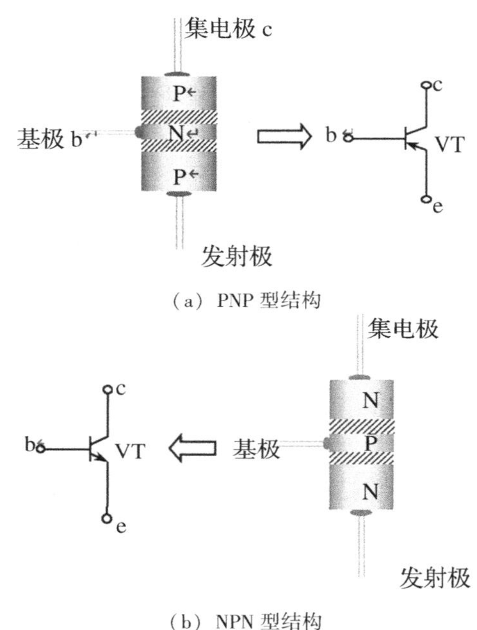

（a）PNP 型结构

（b）NPN 型结构

图3－32 PNP 型和 NPN 型二极管

二、三极管的检测（用指针式万用表的 R ×1k 挡或 R ×100 挡）

1. 判定管子基极

管子基极判定见表 3－11。

表3－11 管子基极判定

NPN	b、c、e → b 黑；c 红 正向电阻小，指针偏转；e 红 正向电阻小，指针偏转

（续）

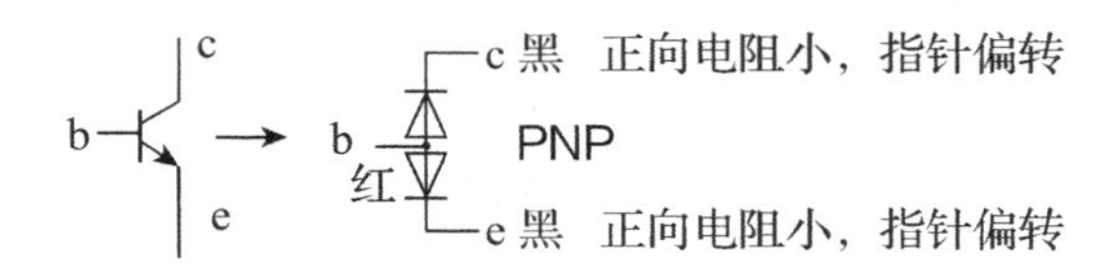

用 R×1k 挡，逐对测量三极管每两对管脚的正反向电阻，共 6 次，其中有一个管脚对其他两个管脚呈现大小不同的两个阻值，另外两个管脚之间的正反向电阻均很大，则该管脚为基极。

2. 判定管子的类型

比较呈现小电阻时表笔的接法，若黑表笔接基极时呈现出较小的阻值，则基极为 P，管子应为 NPN 管；若红表笔接基极时呈现出较小的阻值，则基极为 N，管子应为 PNP 管。

3. 判定集电极与发射极

现在已经找到 b 并确定了类型，那么剩下的两个电极哪一个是 c，哪一个是 e 呢？我们可以先找到 c，那么剩下的一个就是 e 了，现在我们就来讨论如何找 c。

以 NPN 型的 三极管为例，如图 3 -33 所示。

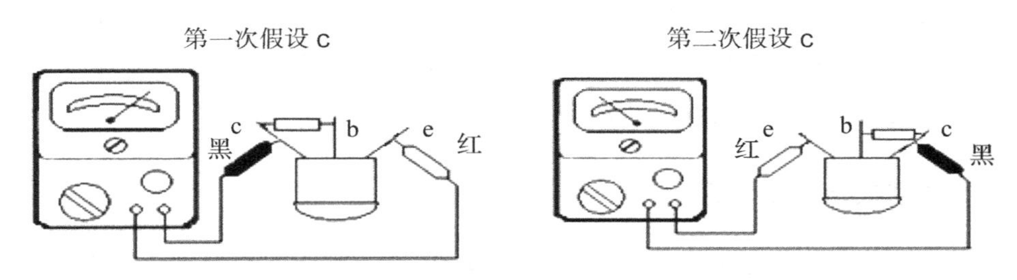

图3 -33　判定c

结论：指针偏转角度大的 那一次假设正确，即第一次假设正确；PNP 型的三极管找 c 的方法与 NPN 型的三极管相同，只是要将红黑表笔交换。

4. 检测三极管 β 的大小

先判别三只管脚，确定管子的类型；按规定位置插入测试孔；万用表打到 HFE 挡；读数。

5. 判断三极管的质量好坏

用 R×1k 挡，判断两个 PN 结的好坏。若满足 PN 结正向电阻小、反向电阻大，则 PN 结的质量好；反之，损坏；用 R×10k 挡，判断 R_{ce}、R_{ec}的阻值。若一次为∞，一次为几百千欧姆，则质量好；反之损坏。

3. 原理分析

1）功能作用

我们知道三极管可以通过控制基极的电流来控制集电极的电流，从而达到放大的目的。放大电路就是利用三极管的这种特性来组成的。放大电路的组成原理（应具备的条件）：①放大器件工作在放大区（三极管的发射结正向偏置，集电结反向偏置）；②输入信号能输送至放大器件的输入端（三极管的发射结）；③有信号电压输出。判断放大电路是否具有放大作用，就是根据这几点，它们必须同时具备。放大电路可由正弦波信号源 U_S、晶体三极管 V、输出负载 R_L 及电源偏置电路 (U_{BB}、R_b、U_{CC}、R_c) 组成。由于电路的输入端口和输出端口有四个头，而三极管只有三个电极，必然有一个电极共用，因而就有共发射极 (简称共发射极)、共基极、共集电极三种组态的放大电路。而此电路是共射极接法。

2）工作过程

R_{b1}、R_{b2} 分别为上、下偏置电阻；V_{cc} 通过 R_{b1} 和 R_{b2} 分压后，为三极管 VT 提供基极偏置电压；R_e 为发射极电阻，起稳定静态工作点作用。

C_e 称为射极旁路电容，由于 C_e 容量较大，对交流信号来讲，相当于短路，从而减小了电阻 R_e 对交流信号放大能力的影响。

知识链接 三极管基本放大电路

放大电路是可以放大微弱电信号的电路，通常通过三极管或场效应管等装置来完成放大功能。若输入为一个微弱的交流小信号，则通过放大电路后，会得到一个波形相似但不失真且幅值增大很多的交流大信号的输出。

一、共发射极基本放大电路

以三极管为核心的基本放大电路，输入信号 u_i 从三极管的基极和发射极之间输入，放大后输出信号 u_o 从三极管的集电极和发射极之间输出，发射极是输入、输出回路的公共端，故称该电路为共发射极基本放大电路。

1. 电路结构

基本放大电路如图 3－34 所示。

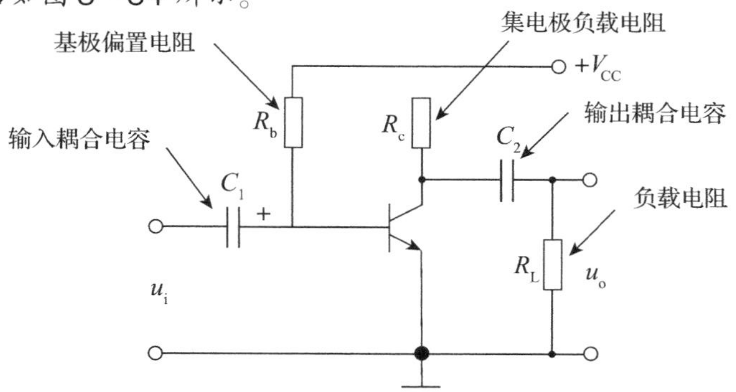

图3－34 基本放大电路原理图

2. 元件作用

各元件作用见表3－12。

表3－12　各元件作用

符号	元器件名称	元器件作用
VT	三极管	实现电流放大
R_b	基极偏置电阻	提供偏置电压
R_c	集电极负载电组	提供集电极电流通路，将放大的集电极电流变化转换成集电极电压变化
C_1	输入耦合电容	使信号源的交流信号畅通地传送到放大电路输入端
C_2	输出耦合电容	把放大后的交流信号畅通地传送给负载

3. 静态工作点和放大原理

1）静态工作点

静态是指电路在没有输入信号（即输入端短路），只有直流电源单独作用下的直流工作状态。

静态工作点是指放大电路在静态时，三极管各级电压和电流在输入、输出特性曲线上可以确定一个如图3－35所示的坐标点Q。Q点处的直流电流、电压习惯上用I_{BQ}、I_{CQ}、I_{EQ}、U_{BEQ}和U_{CEQ}表示。

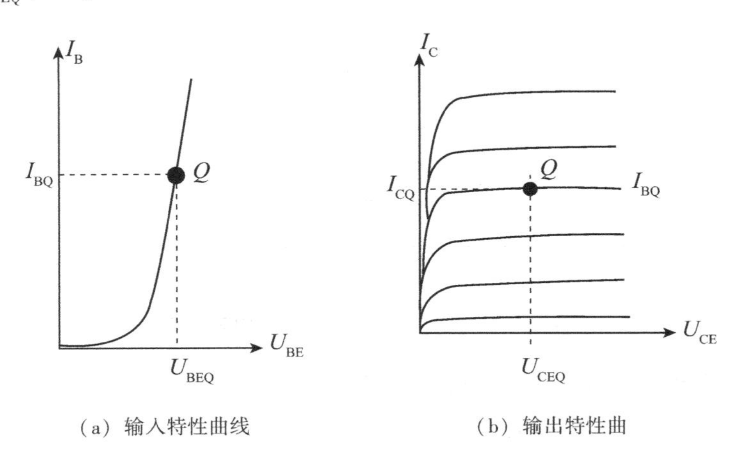

（a）输入特性曲线　　（b）输出特性曲

图3－35　特性曲线

2）共射放大电路工作过程

在放大电路中加入输入信号u_i后，三极管各极电压、电流大小均在直流量的基础上叠加了一个随u_i变化而发生变化的交流量，这时电路处于动态工作状态。

共射放大电路工作过程如图 3 -36 所示。

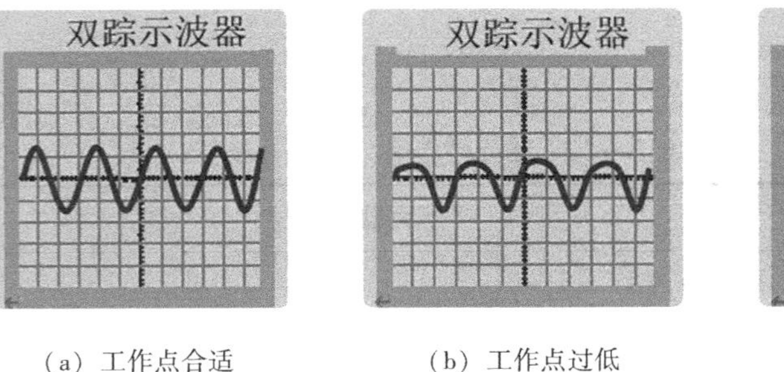

（a）工作点合适 （b）工作点过低 （c）工作点过高

图3 -36 共射放大电路工作过程

二、分压式偏置放大电路

分压式偏置放大电路如图 3 -37 所示。其中 R_{b1}、R_{b2}分别为上、下偏置电阻，V_{CC}通过 R_{b1}和 R_{b2}分压后，为三极管 VT 提供基极偏置电压；R_e为发射极电阻，起稳定静态工作点作用；C_e称为射极旁路电容，由于 C_e容量较大，对交流信号来讲，相当于短路，从而减小了电阻 R_e对交流信号放大能力的影响。

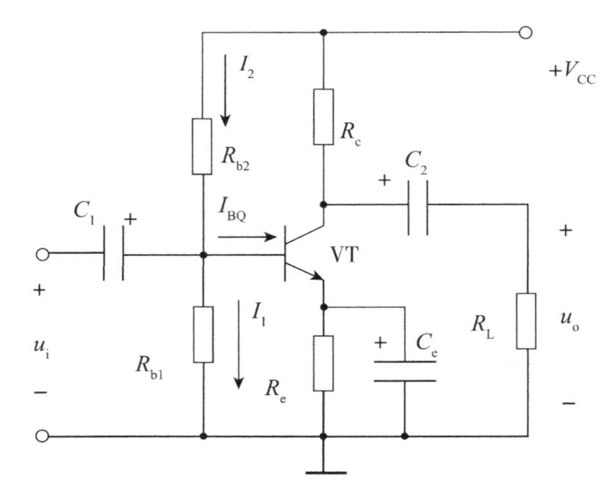

图3 -37 分压式偏置放大电路原理图

分压式偏置放大电路的基极电压由 R_{b1}、R_{b2}分压决定，而与三极管的参数无关。当温度升高，分压式偏置放大电路稳定工作点的过程可表示为：

$$T\text{（温度）}\uparrow\text{（或}\beta\uparrow\text{）}\rightarrow I_{CQ}\uparrow\rightarrow I_{EQ}\uparrow\rightarrow U_{EQ}\uparrow\rightarrow U_{BEQ}\downarrow\rightarrow I_{BQ}\downarrow\rightarrow I_{CQ}\downarrow$$

在上述稳定静态工作点的过程中，发射极电阻 R_e起着重要的反馈作用。当输出回路电流 I_C发生变化时，通过 R_e上的电压变化来影响 b - e 间的电压，从而使基极电流 I_B向相反方向变化，从而抑制了集电极电流 I_{CQ}的增大，自动稳定了电路的静态工作点。

步骤二　电路安装

1. 电子元器件质量检查

使用万用表检测各电子元器件，并记录于表 3－13 中。

表 3－13　元器件质量检查登记表

元器件		识别及检测内容			
电阻器	符号	色环顺序	标称值（含误差）	测量值	测量挡位
二极管	符号	正向电阻	反向电阻	测量挡位	质量判定
电位器	符号	外形示意图标出管脚名称		质量判定	
电容器	符号	种类	标称值（μF）	标志方法	质量判定
三极管	符号	画外形示意图标出管脚名称		B1－B2 间电阻	测量挡位

2. 电路安装

1）装配图

根据原理图，独自绘出耳聋助听器电路装配图，并按照装配图完成元件装配。如图 3－38 所示。

图 3－38　耳聋助听器电路装配图

2）元件安装

（1）电阻采用卧式安装，应贴近电路板，色环顺序必须一致。

（2）发光二极管采用卧式安装，应贴近电路板，注意二极管正负极性一定不能装错。
（3）电位器、三极管均采用立式安装，注意引脚排列顺序。
（4）电容器安装尽量插到底。
（5）电位器焊接固定在电路板上，用导线连接到电路板上的所在位置。
（6）走线横平竖直，并走最短距离。

3. 电路焊接

在焊接前，应先将引脚擦干净，最好选用细砂布擦拭，这样就可以去除引脚表面的氧化层，以便在焊接时容易上锡。把元件引线与焊点搭接，电烙铁蘸取适量焊锡，烙铁头刃面紧贴焊点，待焊点焊锡完全熔化，轻轻转动烙铁头带去多余焊锡，然后从斜上方45°角方向迅速移开焊点。在焊点的焊锡未完全固化之前，夹持引线的摄子或尖嘴钳不能有丝毫晃动，否则极易造成虚焊。

步骤三　电路检测

1. 通电前直观检查

通电前，首先观察电子电路有无虚焊、连焊处，元器件位置安装是否正确，元器件的极性、引脚排列是否正确；然后用电阻法检测电源的正、反向电阻值，判断电路是否短路，若有短路现象出现，必须先排除故障后才能通电调试；最后检查印制电路板上所装配的元器件无搭锡、无装错后，方可接通电源。

2. 通电观察

将功率放大器电路接入12V直流电源，观察有无冒烟、异味、元器件发烫等异常现象。如果有异常现象，立刻断电检修。

3. 通电检测

安装焊接无误后接通+12V电源，进行电路调整与测试。
1）静态工作点的调整与测试
（1）调整电位器，使晶体管发射极电压为1.5V。
（2）测VT的基极、集电极电压和基极－发射极电压。
（3）断开电路，测VT的基极静态电流I_B。
（4）断开电路，测VT的集电极静态电流I_C。
（5）断开电路，测VT的发射极静态电流I_E。
（6）计算三极管的电流放大倍数。
（7）将数据填入表3－14中。

表3－14　数据记录

电压/V	电流/mA	计算
V_B =	I_B =	根据 I_B、I_C 可知三极管的电流放大倍数 =
V_C =	I_E =	
V_{BE} =	I_C =	

2）动态测量

（1）低频信号发生器输出1000Hz、10mV正弦信号加在放大器的输入端，用晶体管毫伏表测量输入、输出端电压有效值，填入表格。

（2）调节 R_P，同时观察放大器输入及输出端的波形及相位，慢慢调节 R_{b2}，当输出波形不失真后，用万用表直流电压挡检测三极管b、c、e三极的电压值。

（3）测算放大器的电压放大倍数。重新将信号输入放大器，保持波形不失真，如图3－39所示，用毫伏表测得输入与输出电压大小，由 $A_u = U_o / U_i$ 测算出放大器的电压放大倍数。

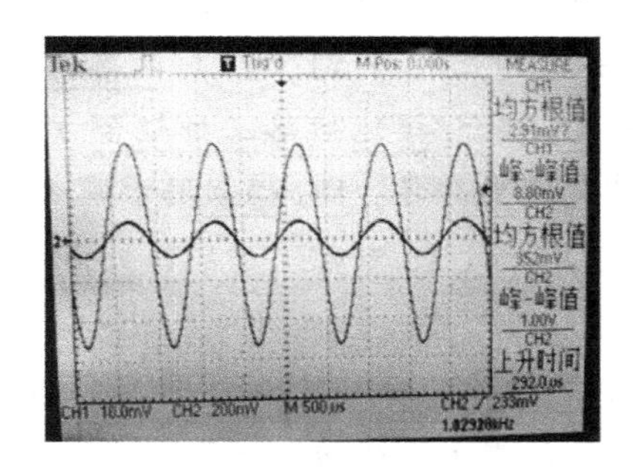

图3－39　放大电路波形测试

知识链接　示波器的使用

示波器是显示信号波形并测量波形参数的设备，由垂直、水平、触发及显示四大部分构成。

一、示波器工作原理与主要功能

示波器工作原理如图3－40所示。

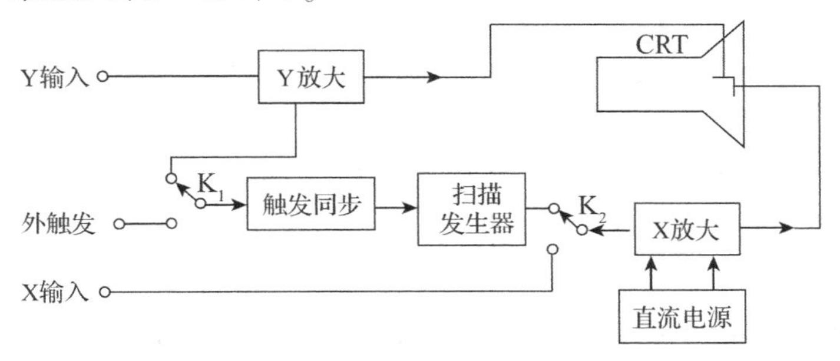

图3－40　示波器原理图

现以数字示波器 TDS1002 为例，分述各部分的功能如下（如图3－41 所示）。

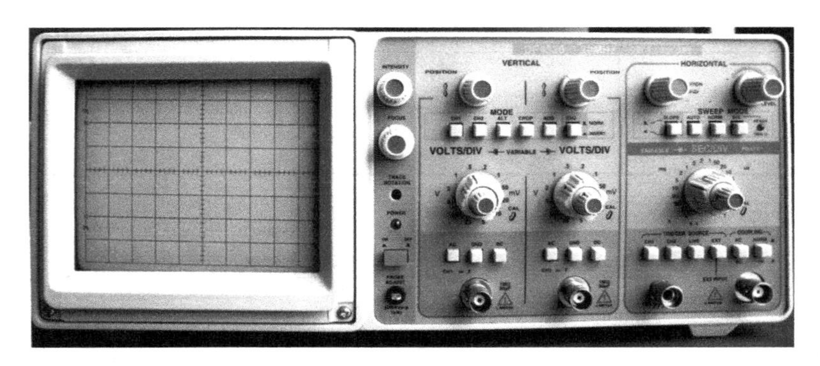

图3－41 TDS1002 示波器

1. 示波器 Y 轴（垂直轴）

Y 轴由信号电压驱动，输入电压大小决定波形垂直幅度（电压基准：V/格）。

Y 轴输入通道：CH1、CH2（习惯称为 Y1，Y2）两路输入通道。

Y 轴输入耦合：DC 耦合/AC 耦合/接地短路三种耦合方式。其中，AC 耦合可过滤信号中的直流分量，观测信号中的交变分量；DC 耦合用于观测直流及动态信号全貌。

Y 轴信号显示：CH1 、CH2 、DUAL 双踪 / MATH 四种显示方式。MATH 作两信号加减运算，还可作波形分析。

Y 轴调节：① Y 轴垂直电压基准（Volts/Div），电压基准分粗调与细调，可在Y 轴菜单下选择；②Y 轴位移旋钮，使波形上下移动，不改变幅度。

以上的输入耦合与显示调节均可在 Y 轴菜单下选择进行操作。

2. 示波器X 轴（水平轴）

X 轴由锯齿波驱动，锯齿波上升速度（时间）决定波形水平宽度（时间基准：ms/格）。

（1） X 轴调节：

① X 轴时间基准(Time/Div)，分主时间基准与窗口时间基准，窗口时间基准相当于 X 轴的区间扩展，时间基准在 X 轴菜单下转换；

②X 轴水平位移调节旋钮，不改变波形；

③ X 轴归零键，按下此键，使初始时间居中归零，便于观测阶跃信号（如测量信号上升时间）。

（2） X 轴输入端：在示波器为 YT 显示时，可外接同步触发信号。

示波器的同步触发系统：使X 轴锯齿波电压与Y 轴信号电压在时间上同步，这波形稳定显示关键!!

※触发/释抑旋钮 ：触发电平的调节，调触发电平（释抑时间）旋钮可获稳定波形。

※触发菜单键：①触发源，有 CH1、CH2、LINE 电源、EXT 外部；②触发模式有边

缘/视频、极性、上升/下降、自动/正常。

二、数字示波器的功能菜单

数字示波器的面板结构如图3－42所示。

图3－42　示波器面板结构

自动测量菜单：自动测量待测波形的频率、周期、正频宽、上升时间、电压峰峰值、电压均方根值、平均值等11种参数。采用选项菜单按键循环显示各参数测量值。

光标测量菜单：采用光标测量就是手动测量。在电压测量选项中，两Y轴位移旋钮调电压光标，其增量为测量电压；在时间测量选项中，两Y轴位移旋钮调时间光标，其增量为测量时间。

采集菜单：可选择取样采集、峰值采集（观测阶跃信号）或平均值采集。

显示菜单：可选择YT显示/XY显示，对比度增强或减弱等。

辅助功能菜单：数字示波器可在此菜单下进入自校准。

三、示波器的使用

（1）广泛的电子测量仪器。

（2）测量电信号的波形（电压与时间关系）。

（3）测量幅度、周期、频率和相位等参数。

（4）配合传感器，测量一切可以转化为电压的参量［如电流、电阻、温度，磁强示波器测信号幅度、周期（频率）与相位］。

四、注意事项

(1) 荧光屏上光点（扫描线）亮度不可调得过亮，并且不可将光点（或亮线）固定在荧光屏上某一点时间过久，以免损坏荧光屏。

(2) 示波器和函数信号发生器上所有开关及旋钮都有一定的调节限度，调节时不能用力太猛。

(3) 双踪示波器的两路输入端 Y1、Y2 有一公共接地端，同时使用 Y1 和 Y2 接线时，应防止将外电路短路。

(4) 填写验收记录表，如表 3－15 所示。

表 3－15　验收记录表

<table>
<tr><td>设备名称</td><td colspan="3"></td><td>设备型号</td><td></td></tr>
<tr><td>项目</td><td>序号</td><td colspan="3">检查内容</td><td>检查结果</td></tr>
<tr><td rowspan="3">通电前准备</td><td>1</td><td colspan="3">所有开关处于断开状态</td><td></td></tr>
<tr><td>2</td><td colspan="3">检测所有元器件安装是否符合要求</td><td></td></tr>
<tr><td>3</td><td colspan="3">焊点是否均匀</td><td></td></tr>
<tr><td>检查结果</td><td>序号</td><td colspan="3">操作内容</td><td>检查内容</td></tr>
<tr><td rowspan="2">功能验收</td><td>1</td><td>调节发射极电压</td><td colspan="2">1.5V</td><td></td></tr>
<tr><td>2</td><td>测量电压</td><td colspan="2">基极、集电极、基极－发射极电压</td><td></td></tr>
<tr><td colspan="3">操作人（签字）：
年　月　日</td><td colspan="3">检查人（签字）：
年　月　日</td></tr>
</table>

过程考核评价

耳聋助听器装调与维修过程考核评价见表 3－16。

表 3－16　耳聋助听器装调与维修过程考核评价表

<table>
<tr><td colspan="8">项目二　耳聋助听器装调与维修</td></tr>
<tr><td colspan="2">学员姓名</td><td></td><td>学号</td><td></td><td>班级</td><td>日期</td><td></td></tr>
<tr><td>项目</td><td colspan="2">考核项目</td><td colspan="2">考核要求</td><td>配分</td><td>评分标准</td><td>得分</td></tr>
<tr><td rowspan="2">知识目标</td><td colspan="2">元器件的识别与选用</td><td colspan="2">学会项目中元器件的识别与选取方法</td><td>20</td><td>项目中的元件识别、质量判别方法或基本特性，错误一项，每个元件扣 2 分</td><td></td></tr>
<tr><td colspan="2">电路结构及工作原理分析</td><td colspan="2">1. 能理解电路的工作原理；
2. 熟悉电路的结构组成</td><td>10</td><td>电路工作原理叙述不清楚扣 5 分</td><td></td></tr>
</table>

（续）

项目二　耳聋助听器装调与维修					
学员姓名		学号	班级	日期	
项目	考核项目	考核要求	配分	评分标准	得分
能力目标	装配	1. 能正确地使用电子装接工具； 2. 焊点大小均匀、有光泽、无毛刺、无假焊、搭焊现象； 3. 按元件工艺表对元件引脚成型； 4. 元器件插装高度尺寸、标志方向符合规定工艺要求，无错装、漏装现象； 5. 敷线平直、合理	30	1. 常用电子装接工具使用不正确，每错误一项扣5分； 2. 元器件引线、导线加工不符合工艺要求，每错误一处扣1分； 3. 元件插装不符合工艺要求，每错误一项扣2分； 4. 焊点不符合要求，每错误一处扣2分	
	调试	1. 能正确地进行故障排除； 2. 能正确地进行电路调试； 3. 能正确地进行电路相关参数的测量	20	1. 不会使用仪器仪表按项目的要求进行电路调试扣5分； 2. 不能正确地进行电路相关参数的测量扣5分； 3. 不能正确地进行故障排查扣10分	
方法及社会能力	过程方法	1. 学会自主发现、自主探索的学习方法； 2. 学会在学习中反思、总结，调整自己的学习目标，在更高水平上获得发展	10	在工作中反思，有创新见解和自主发现、自主探索的学习方法，酌情给5～10分	
	社会能力	小组成员间团结、协作，共同完成工作任务，养成良好的职业素养（工位卫生、工服穿戴等）	10	1. 工作服穿戴不全扣3分； 2. 工位卫生情况差扣3分	
实训总结		你完成本次工作任务的体会（学到哪些知识，掌握哪些技能，有哪些收获）：			
得分					

工作小结